中国房山世界地质公园科普丛书
Series of Popular Books about Fangshan Global Geopark，China

房山世界地质公园

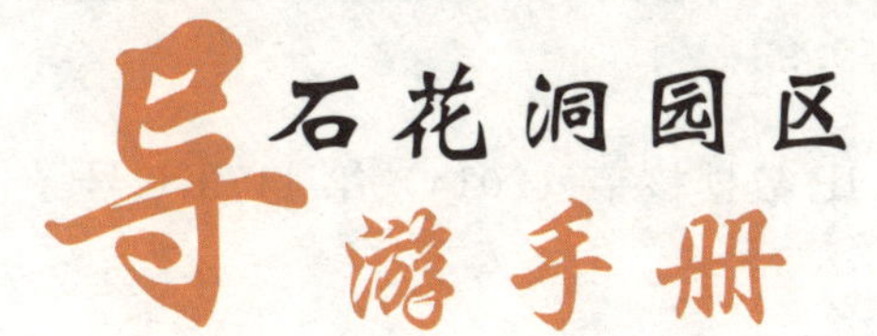

田明中　武法东　张建平　主编

CFP 中国电影出版社

图书在版编目（CIP）数据

房山世界地质公园．石花洞园区导游手册/田明中，武法东，张建平主编．－－北京：中国电影出版社，2014.6

（中国房山世界地质公园科普丛书）

ISBN 978-7-106-03934-9

Ⅰ.①房…　Ⅱ.①田…　②武…　③张…　Ⅲ.①地质－国家公园－旅游指南－房山区　Ⅳ.①S759.93

中国版本图书馆 CIP 数据核字（2014）第 117370 号

责任编辑：丁　雪
封面设计：许花秀
版式设计：许花秀
责任印制：庞敬峰

房山世界地质公园——石花洞园区导游手册

田明中　武法东　张建平　主编

出版发行：中国电影出版社（北京北三环东路 22 号）　邮编：100029
电话：64296664（总编室）　64216278（发行部）
64296742（读者服务部）
Email：cfpygb@126.com
经　　销：新华书店
印　　刷：北京睿和名扬印刷有限公司
版　　次：2014 年 6 月第 1 版　2014 年 6 月北京第 1 次印刷
规　　格：开本/787×960 毫米　1/16
印张/6.5　字数/87 千字

书　　号：ISBN 978-7-106-03934-9/S・0010
定　　价：28.00 元

中国房山世界地质公园科普丛书

编 委 会

序

2006 年 9 月 17 日，联合国教科文组织正式批准建立房山世界地质公园。本着圆满完成“普及地球科学知识，促进公众科学素质提高”这一地质公园建设任务的宗旨，房山世界地质公园自成立以来，不断致力于地质公园科学普及工作的研究。8 年来，在房山世界地质公园建设过程中积累了丰富的地质科普经验，“中国房山世界地质公园科普丛书”应运而生。

“中国房山世界地质公园科普丛书”共包括 6 册：《房山世界地质公园导游手册》、《房山世界地质公园——周口店园区导游手册》、《房山世界地质公园——十渡园区导游手册》、《房山世界地质公园——石花洞园区导游手册》、《房山世界地质公园——野三坡园区导游手册》和《房山世界地质公园——白石山园区导游手册》。

“中国房山世界地质公园科普丛书”向广大游客介绍了房山世界地质公园、各园区及其周边的地质遗迹和旅游资源，是一套兼具公园科学导游和地质知识普及的读物，旨在激发读者的好奇心及探索地质奥秘的兴趣，增强读者对大自然的了解和热爱，进而使读者产生对地球科学知识的关注，从而达到寓教于乐、寓教于游的目的。

本书使用了二维码技术，读者可通过扫描本书中的二维码进入中国房山世界地质公园的官方网站、微博、微信等客户端，了解更多地质公园的精彩内容。

此系列丛书的出版将会进一步增强房山世界地质公园的科普职能，提高地质公园的知名度。

前 言

房山的历史悠久绵长，距今七十万年的周口店“北京人”遗址是人类文明的发祥地，华夏文明从此源远流长；距今三千多年的西周燕都遗址是北京城的发源地，这座历史与现代交织的都市日益举世闻名。

房山的地质遗迹景观丰富，有距今35亿年以来完整的地层系统，有种类齐全而典型的岩石类型，有在海洋环境下和陆地环境下形成的各类沉积岩，有在区域变质和动力变质作用下形成的各类变质岩，有经岩浆冷却形成的花岗岩，有在地壳活动过程中留下的各类构造形迹，更有经流水作用在地表和地下留下的河流、岩溶峰林和溶洞。

今天的房山风鹏正举，不仅是中国地质工作者的摇篮，更是旅游者的天堂。

石花洞园区作为房山世界地质公园八大园区之一，拥有举世无双的岩溶地质遗迹，不仅是一部岩溶地质遗迹的百科全书，更是一幅美妙多姿的立体画卷。

本书从多个视角解读了石花洞的奥秘，以生动的语言讲述了石花洞的绮丽风光，不同时期地质变迁的历史，形态各异的地形地貌、不同的岩石矿物和神奇百变的溶洞景观的形成过程，以及玩转石花洞的旅游攻略等。

下面就让我们揭开房山世界地质公园石花洞园区的神秘面纱，一同去探索岩溶王国的地质遗迹和奇观，感受亿万年沧海桑田演化的过程吧！

目录 CONTENTS

第一章

位于首都的世界地质公园
——房山世界地质公园

中国房山世界地质公园位于北京市西南与河北省交界处，跨越北京市房山区、河北省涞水县和涞源县两省市三区县。地理坐标为东经115°37′16.78″～115°59′0.74″，北纬39°9′58.95″～39°53′7.80″。

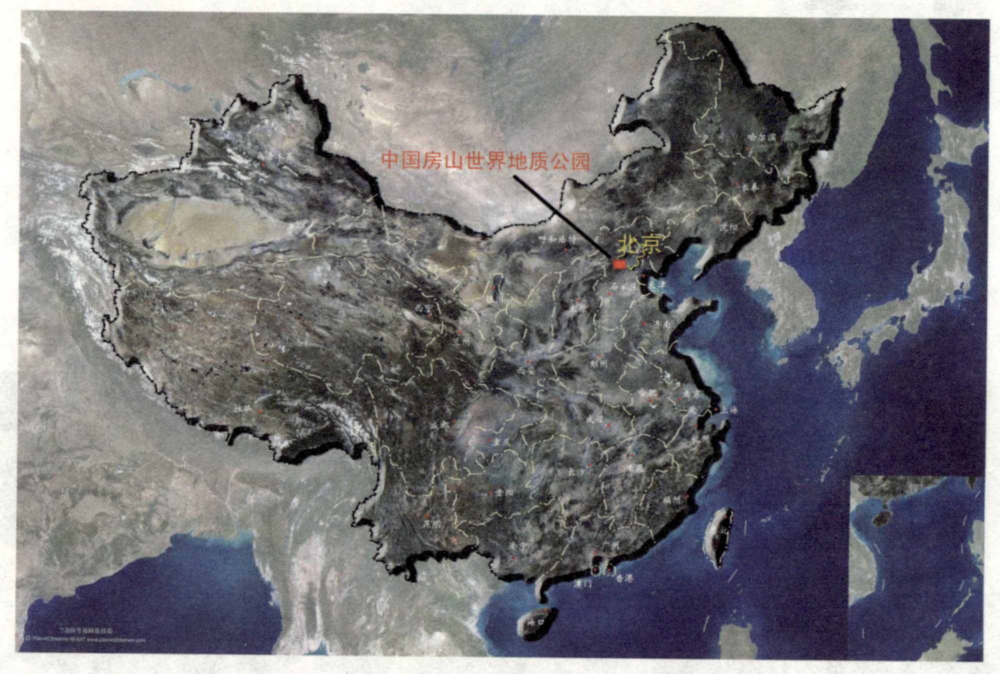

中国房山世界地质公园位置示意图

中国房山世界地质公园拥有八大园区：周口店园区、十渡园区、石花洞园区、上方山—云居寺园区、百花山—白草畔园区、圣莲山园区、野三坡园区和白石山园区，移步异景，风光无限。

公园内的地质遗迹类型主要包括古人类活动遗迹、地层遗迹、岩石遗迹、沉积构造遗迹、陆内造山带构造遗迹、水文遗迹、地质地貌遗迹（构造地貌、岩溶地貌）等。

周口店园区

十渡园区

石花洞园区

上方山—云居寺园区

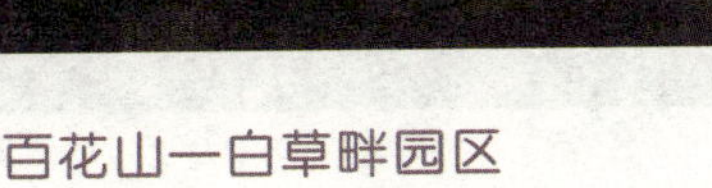

百花山—白草畔园区

圣莲山园区

野三坡园区

白石山园区

房山是北京根祖。70 万年前的周口店“北京人”遗址，是中国首批世界文化遗产之一，以“‘北京人’的发祥地”著称；3000 多年前的西周燕都遗址，被称为“北京城的发源地”。

西周燕都遗址博物馆

1300 多年前的佛教圣地云居寺，保存着世界上仅存的 1122 部、3572 卷、14278 块石刻大藏经，被誉为“石经长城”。

云居寺神秘的石经地宫

国宝汉白玉产地，且具有 2000 多年开发、雕刻历史的大石窝，为北京城的建设提供了大量的石材，堪称“北京之基”、“石文化的故乡”。

国宝汉白玉产地

房山长沟大型考古挖掘现场

《没有共产党就没有新中国》词曲就诞生于房山霞云岭乡堂上村，在建党80周年之际，江泽民同志在这里亲自题写了“没有共产党就没有新中国”的题词，使之成为圣歌诞生地、红色旅游村；同时房山拥有107座历代古塔，占北京地区古塔总数的一半以上；战国的乐毅墓、唐代的贾岛墓、金代的皇家墓群等302处遗迹遍布房山境内，构成了房山不断代的历史画卷。

房山是溶洞王国。石花洞园区内已探明的溶洞多达100多座。其中，“北京的地下明珠”石花洞形成于四亿年前，洞体为上下七层，洞中形态各异的钟乳石、石盾、月奶石等景观似鬼斧神工造就，在五彩灯光的照射下，晶莹剔透，绚丽多姿，游人行入洞中，神秘清幽，洞中奇观绝景连绵不断，且极具科考价值；“华北的地下迷宫”银狐洞水旱洞连通，方解石结晶体形成的银狐、银兔晶莹剔透，巧夺天工；国家级重点文物保护单位万佛堂孔水洞内的隋唐经刻、万菩萨法会图等摩崖造像以及唐人洞内嵌于石笋内的古人题字为国内外罕见的溶洞奇观。石花洞园区以其岩溶洞穴和沉积景观的典型性、多样性、自然性、完整性和稀有性享誉海内外，是一部地质学知识的百科全

地质岩溶博物馆

书。与之交相辉映的还有“北京的人间仙境”仙栖洞、位于上方山园区的云水洞等，共同组成了中国北方最大的岩溶洞穴群。

房山是山水秀地。婀娜多姿的十渡山水，既有中国北方之雄奇，又有南国水乡之柔媚，被誉为“青山野渡，百里画廊”；集森林、洞穴、古迹、名胜、飞瀑等诸景为一体的上方山，历来就有“南有苏杭、北有上方”之美称；海拔 2000 多米的百花山——白草畔的鲜花、草甸、珍禽、异兽，组成了诱人的高原风光，赢得“生态公园”之美名；雄、奇、神、险的圣莲山，早为北京“西山八景”之一；集黄山之奇、华山之险、张家界之秀于一身，并可用“雄”、“险”、“奇”、“幻” 4 个字加以概括的白石山，有着“北方第一奇山”和“北方的黄山”之美誉；还有那以其独特的魅力深受海内外游人青睐的野三坡，更是一座“世外桃源”。

山水秀美的大房山

“一园一风景，园园不同天”的房山世界地质公园——一座位于首都的世界地质公园，是中国地质工作者的摇篮，约5万名地质学者曾在这里实习、教学，培养了成百上千位地质科学家，新中国第一部《地质词典》在这里诞生，更多的地质名词在这里命名。房山世界地质公园具有举世无双的地质遗迹和文化遗产，是真正的“地质百科全书”。

中国地质工作者的摇篮

1.1 走进房山世界地质公园石花洞园区

唐代著名大诗人李白在《山中问答》诗中云：“桃花流水窅然去，别有天地非人间。”溶洞，作为大自然馈赠人类的珍宝，一直深藏于高山峻岭之中而不为人所知。现在，就让我们一同走进中国房山世界地质公园的石花洞园区，去揭开它神秘的面纱，领略这别有洞天的瑰丽景象吧。

石花洞园区是中国房山世界地质公园八大园区之一，位于公园的东北部，分为石花洞景区和银狐洞景区。石花洞园区的岩溶洞穴地质遗迹以典型性、多样性、自然性、完整性和稀有性享誉国内外。

石花洞位于北京市房山区南车营村，距市中心50千米。石花洞最早发现于明代，公元1446年一位叫圆广的法师云游到此发现此洞，先后得名“潜真洞”、“十佛洞”、“石佛洞”。1978 年北京水文地质工程公司对该洞进行勘探，因洞内石花锦簇，取名“石花洞”。1987 年对外开放。

流光溢彩的石花洞

石花洞具有规模大、洞层多、沉积类型全、次生化学沉积物数量大的特点。洞体为多层多枝的层楼式结构，有上下 7 层，1～5 层洞道全长 5000 米，6、7 层为地下暗河的流水及充水洞层。石花洞犹如一座岩溶地下宫殿，丰富的地质遗迹资源显示了石花洞在地质科学研究、地质科普教学和旅游观赏中的巨大价值。石花洞中洞穴沉积物记录了地球的演化历程和沉积环境的变化，是一座研究古地质环境变迁的重要信息库，更是中国北方乃至全球温带半干旱、半湿润地区大型岩溶洞穴的典型代表。

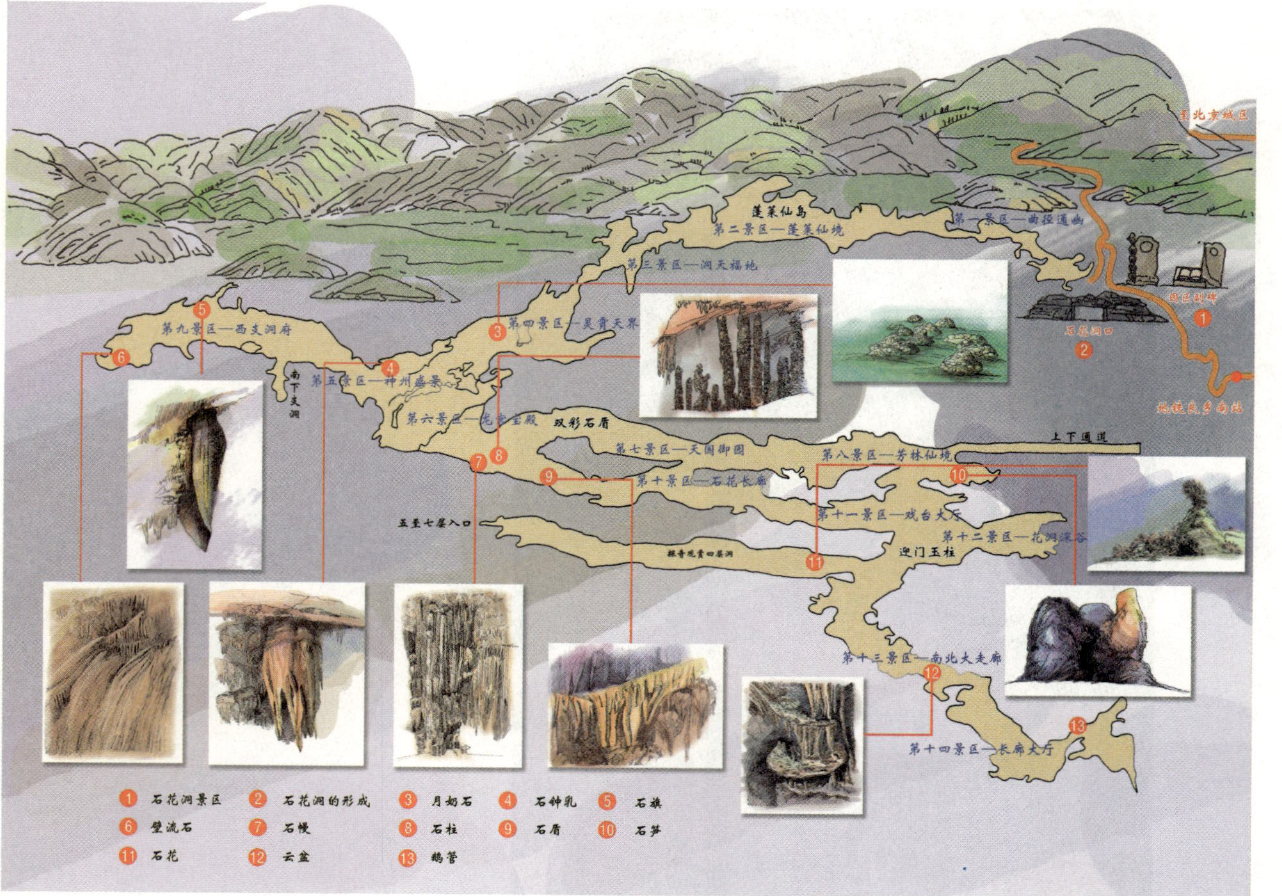

房山世界地质公园石花洞园区石花洞景区导游图

1.2 开启地质公园的文化之旅

大房山悠悠千古，文化灿烂，古迹众多，钟灵毓秀。这里是龙的故乡、人类的发祥地，中华民族的文明之火正是从这里燃起的。据史书记载，早在七十万年前，著名的“北京人”就在这片土地上繁衍生息。西周初年，周武王灭商，封召公于燕，在这里建立起北京地区最早的都城。农耕牧歌，辐辏熔融，成为古燕国文明的发祥地。因此从殷商时期至春秋战国、从秦汉时期至隋唐五代、从宋金时期至明清时代，历代侯国都城古镇，遍布于房山域内2019平方千米的土地上。如周口店北京猿人遗址、琉璃河燕国都城遗址、窦店古城、广阳郡、奉先县、长沟、张坊等古镇，历尽沧桑，遗迹犹存，且自古至今始终作为文化、政治、经济的中心而发挥着作用。

神秘的山顶洞

房山文化底蕴深厚，艺术形式丰富多彩。房山的艺术文化突出体现在文字、书画、雕刻及民间艺术等方面。

精湛的雕刻技术

自古及今，这里涌现了贾岛、高克恭、董其昌等一批文化名人，创造了汉白玉石雕等艺术瑰宝，传承了元宵花会等民间艺术……现在就让我们一起来欣赏房山的艺术文化吧！

艺术瑰宝之汉白玉石雕

1. 文学艺术

寻隐者不遇

（唐）贾岛

松下问童子，言师采药去。
只在此山中，云深不知处。

贾岛（779～843 年），唐代诗人，字浪仙，范阳（今北京房山）人。早年出家为僧，号无本。公元 810 年（元和五年）冬，至长安见张籍。次年春，至洛阳，始谒韩愈，以诗深得赏识。后还俗，屡举进士不第。文宗时因诽谤，贬长江（今四川蓬溪）主簿。公元 840 年（开成五年）迁普州司仓参军。三年后卒于普州。贾岛与孟郊齐名，人称“郊寒岛瘦”，“推敲”一词观其苦吟之风，在晚唐影响颇大。唐代张为著《诗人主客图》，将其列为“清奇雅正”升

堂七人之一。晚唐李洞、五代孙晟等人十分尊崇贾岛。贾岛著有《长江集》10卷，通行有《四部丛刊》影印明翻宋本。

房山地区民国时期的著名作家有高书官、刘青绥、吕植等；新民国建立到改革开放之前的著名作家有苗培时、赵日升、白唐等；改革开放后的著名作家史长义，笔名凸凹，现今房山文坛的代表人物，现任北京市房山区文联主席。

2. 书画艺术

房山存世最早的文字是琉璃河商州遗址出土的刻于甲骨片上的甲骨文。房山书法作品在古刹云居寺藏存最多。

◆绘画代表人物

高克恭（1248～1310），元代著名画家，字彦敬，号房山。祖籍西域（今新疆），占籍大同（今属山西），后居燕京（今北京）。其代表作有《春山晴雨图》、《云横秀岑图》、《春云晓霭图》等。

《春山晴雨图》——高克恭

◆书法代表人物

石经山是房山石经刊刻的起源之处。隋唐时期的4196块经版就分藏在山上的九个藏经洞里。在第六藏经洞的门楣上，有一方镌刻于明代崇祯四年的刻石。刻石为长方形，高45厘米、宽96厘米、厚11厘米，上书“宝藏”二字，为明代大书法家董其昌的真迹。作为一件国家级文物，这方刻石价值极高。据说，一位鬓发斑白的老者游览石经山时，无意中见到了这方“宝藏”题刻，竟激动得老泪纵横。他对同行的人说，没想到有生之年，能有缘见到难得一见的董其昌瘦草真迹。由此可见其书法价值也是不同寻常的。

董其昌字玄宰，号思白，又号香光居士，是明代的书画大家，生于明嘉靖三十四年（1555），祖籍汴（今河南开封），后移居化亭（今上海松江县），是明代后期著名书画家、书画理论和鉴赏家。处于吴浙两画派积习泛滥的时代，为力纠时弊，他从书画理论到创作实践都做出了新的建树，使文人画在画坛取得正统和主导地位，在文人画发展史上，堪称一位里程碑式的人物。在书法中，他以行草书造诣最高，综合了晋、唐、宋、元各家的书风，自成一体，其书风飘逸空灵，风华自足，始终保持正锋，少有偃笔、拙滞之笔；在章法上，字与字、行与行之间分行布局，疏朗匀称，力追古法；用墨也非常讲究，枯湿浓淡，尽得其妙。

董其昌有很深的佛学修养，晚年崇信佛教，曾与葛一龙、王思任、赵琦美、李腾芳、黄汝亨等一些在京的南方籍官僚居士在北京城内的石灯庵捐资刻经十余部，送往石经山封藏。明代崇祯四年（1631年）三月四日，董其昌携友人游云居寺、石经山，感千载刻经之浩远，石经山藏经之丰富，满怀志续前贤的喜悦，挥毫题写了“宝藏”二字，为云居寺留下了一件书法瑰宝。

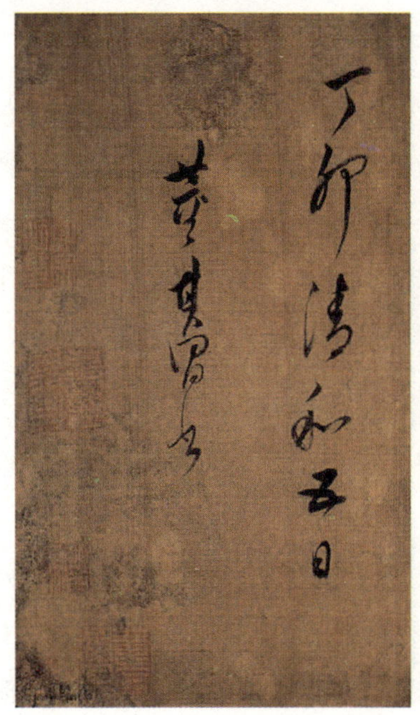
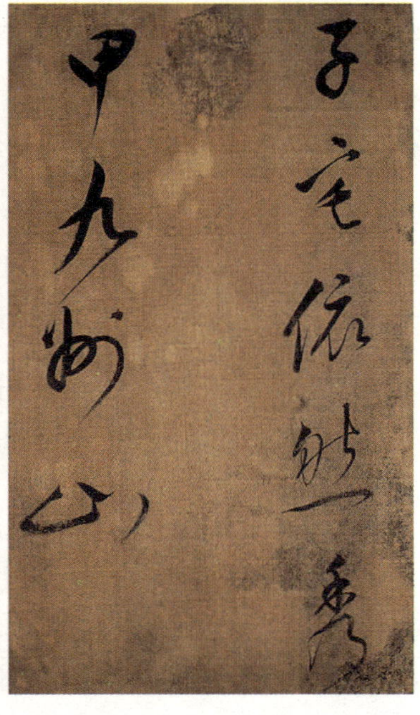

董其昌书法作品

值得一提的是，董其昌在写“宝藏”的“藏”字时省却了两笔。有人说这意喻石经是宝，要藏起来一点；也有人说自古大书法家喜欢写缺笔字，以标新立异。无论如何，这方题刻笔画圆劲秀逸，平淡古朴，用笔精到，体现出董其昌书法的独特风格。

“宝藏”——董其昌书

清代有一位法号恒狼的和尚见到这方题刻，感念明代续经存宝的故事，在石经山题诗《室镌小西天“宝藏”摩崖》以颂之：

云居寺畔小西天，碑洞石经万古传。

不是蒲园多会悟，谁将宝藏又重刊。

今天这方题刻仍旧完好地保存在云居寺中，在静穆中诉说着石经的旷古美丽与价值。

◆房山籍画家

程德华：现为中央书画院院士，国际书画学会学术委员。

刘仲全：近年来，已有百余幅作品参加了省市级美术展览或在报刊上发表，多次举办书画个展或联展。

卢景辉：书法家，其书法苍健雄浑，秀美遒劲。

3. 塑形艺术

房山的塑形艺术形式多样，主要有石雕、石木经刻、摩崖、景泰蓝以及根雕、泥雕等。在石雕艺术方面，大石窝的汉白玉石雕最具代表性。紫禁城的宫廷和京城的王府、四合院等使用的雕刻精美的石料，大都来自大石窝。

4. 建筑艺术

房山的建筑艺术表现形式丰富多彩，主要有寺院宝塔、帝王行宫、居民小院和牌坊亭台。

◆云居寺

云居寺始建于隋末唐初，寺院坐西朝南，环山面水，形制宏伟，享有“北方巨刹”的盛誉。云居寺内有房山区现存最古老的塔。房山区因现存古塔 108 座，故赢得“房山古塔冠京师”的美誉。

云居寺

◆长星观

长星观位于房山世界地质公园北部的圣莲山园区，是一座道教与佛教合一的宗教建筑。始建于明永乐二年，原名圣泉寺，是一座佛教寺庙，清顺治十年更名为长星观，成为道家寺院，至今已有600余年的历史。

南庙长星观

◆昊天塔

昊天塔是北京地区唯一的楼阁式宝塔。始建于隋，重建于唐。现存昊天塔为辽代所建，坐落于良乡燎石岗上，位置较高。辽代战乱不断，昊天塔的瞭望功能得以发挥。

昊天塔

◆帝王行宫

房山境内设有黄辛庄行宫、半壁店行宫两座新帝王行宫。

5. 多彩的民间艺术

房山民间艺术丰富，主要包括民间故事、民间花会、民间戏曲和民间技艺。

◆民间故事

话说很久以前，房山仙栖洞并没有这么好看，而是一处光秃秃的山洞。后来，一群神仙参加王母的蟠桃大会回来，路经此地，看到这里景色不错，就下来歇息一会儿，于是来到这山洞里。众仙因为劳顿熟睡在此，醒来后匆匆离去。山上因为沾染仙气，就生出众仙歇息时的样子。后来，这里就成了房山人口里的“仙栖洞”。

美轮美奂的仙栖洞

◆民间花会

高跷会：在房山较为普遍，瓦井、吉羊、坨头、河北、张谢等村的高跷会名声较响。

丰富多彩的民间文化

太平鼓：属于民间舞蹈。天开村太平鼓较有名，据传从清代开始就很盛行。

狮子会：北窑、长操两村的狮子会最为有名。北窑狮子会有“大玩艺”和“小玩艺”。

旱船会：多见于孤山口、北甘池等村。

银音会：属民间音乐会社。其曲目与佛教音乐有难解渊源。

1.3 地质百科解读岩溶地貌

岩溶地貌神奇秀美，洞景幽幻迷人。我国大中型洞穴主要分布在贵州、广西、云南、湖北、湖南、四川、江西、广东、浙江、安徽、江苏以及山东、辽宁、河北、北京等岩溶发育地区，在南方一些地区分布很

各具形态的岩溶景观

集中，如贵州北部、湘西、广西、云南等地。全国有上百个溶洞，每个溶洞的景观各有千秋。首先洞的类型不同，有水洞、水旱混合洞和旱洞之分。其次，溶洞的洞腔形成后，在洞壁、洞顶和洞底又会继续形成丰富多彩、各具形态的次生化学沉积物。

洞不在深，有“宝”则灵。各种千奇百怪、种类繁多的“宝物”幻化出了亭台楼阁、飞禽走兽等变化万千的景观，让人眼花缭乱、目眩神迷。实际上，这些绚丽多姿的“宝物”都有一个共同的名字——洞穴沉积物，它们都是喀斯特作用在溶洞中形成的独特景观。而其中造型最奇异、形成原因最独特的沉积物，则会被戴上“镇洞之宝”的桂冠。

别具特色的“宝物”

1. 什么是岩溶地貌

岩溶地貌是水对可溶性岩石（碳酸盐岩、石膏、岩盐等）进行以化学溶蚀作用为主，流水的冲蚀、潜蚀和崩塌等机械作用为辅的地质作用而形成的地貌现象的总称，也叫“喀斯特”。

“喀斯特”是原南斯拉夫西北部伊斯特拉半岛上的石灰岩高原的地名，意思是岩石裸露的地方，那里有发育典型的岩溶地貌。“喀斯特”一词即为岩溶地貌的代称。

神奇的岩溶景观

2. 岩溶形成的基本条件

具有可溶性的岩石；

具有溶蚀能力的水；

具有良好的水循环交替条件。

3. 影响岩溶发育的因素

地层岩性——化学成分、结构；

气候条件——降水量、气温；

地形地貌——高差、侵蚀基准面；

地质结构——岩性组合、地质构造；

新构造运动——升、降、平。

温度越高，$CaCO_3$在水中的溶解度越小；当温度相同时，二氧化碳分压越高，$CaCO_3$在水中的溶解度越大。

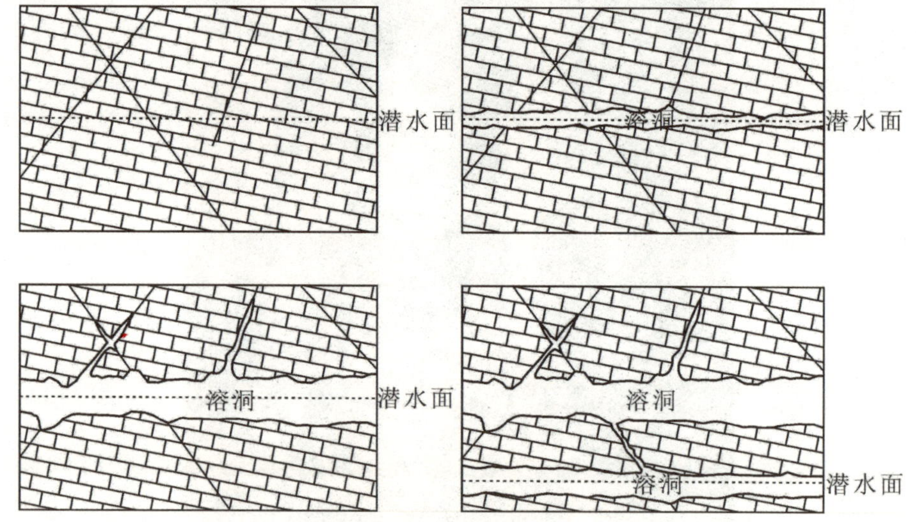

溶洞及其形成过程

4. 哪些岩石是可溶性岩石

（1）碳酸盐类岩石（石灰岩、白云岩、泥灰岩等）；

（2）硫酸盐类岩石（石膏、硬石膏和芒硝）；

（3）卤盐类岩石（钾、钠、镁盐岩石等）。

5. 岩溶地貌的分布范围

世界岩溶地貌面积占地球总面积的10%。从热带到寒带、由大陆到海岛都有岩溶地貌发育。

较著名的岩溶地貌区域有中国广西、云南和贵州等省（区），越南北部，南斯拉夫狄那里克阿尔卑斯山区，意大利和奥地利交界的阿尔卑斯山区，法国中央高原，俄罗斯乌拉尔山，澳大利亚南部，美国肯塔基和印第安纳州，古巴及牙买加等地。

中国岩溶地貌分布广、面积大。主要分布在碳酸盐岩出露的地区，面积 91～130 万平方千米。其中以广西、贵州、云南和四川青海（即云贵高原）东部所占的面积最大，是世界上最大的岩溶地区之一，西藏和北方一些地区也有分布，房山地区是中国北方唯一一处大规模岩溶地貌分布区。

6. 岩溶水的垂直分带

（1）垂直循环带；（2）季节变动带；（3）水平循环带；（4）深部循环带。

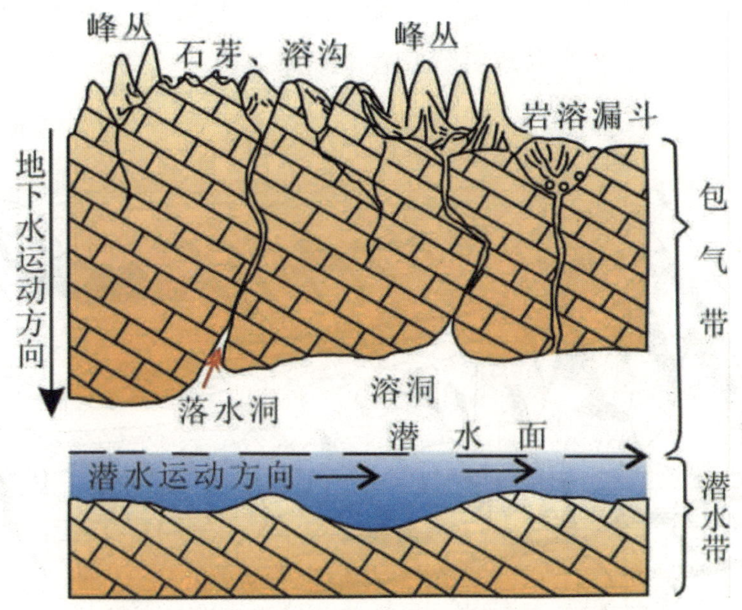

地下水的运动方向与潜蚀作用及形成的地貌

7. 地表岩溶和地下岩溶地貌的不同类型

◆地表岩溶

地表岩溶形态有石芽与溶沟，漏斗与落水洞，溶蚀洼地与溶蚀盆地，干谷与盲谷，峰丛、峰林和孤峰等；堆积形态有泉华、瀑布华、钙华堤坝等。

（1）石芽与溶沟：石芽为蚀余产物，指可溶性岩石表面沟槽状溶蚀部分和沟间突起部分；溶沟是地表水沿岩石裂隙溶蚀、侵蚀而成，底部常充填泥土或碎屑。

（2）石林：常指热带厚层纯石灰岩上发育形体高大的石芽，常高达数十米。

（3）峰丛、峰林与孤峰：峰丛是同一基座而峰顶分离的碳酸盐岩山峰，常与洼地组合成峰丛—洼地地貌；峰林为分散碳酸盐岩山峰，通常由峰丛发展而成，但因受构造影响而形态多变，在水平岩层上多呈圆柱形或锥形，在大倾角岩层上多呈单斜式；孤峰是峰林发育晚期残存的孤立山峰，多分布于岩溶盆地底部或岩溶平原上。

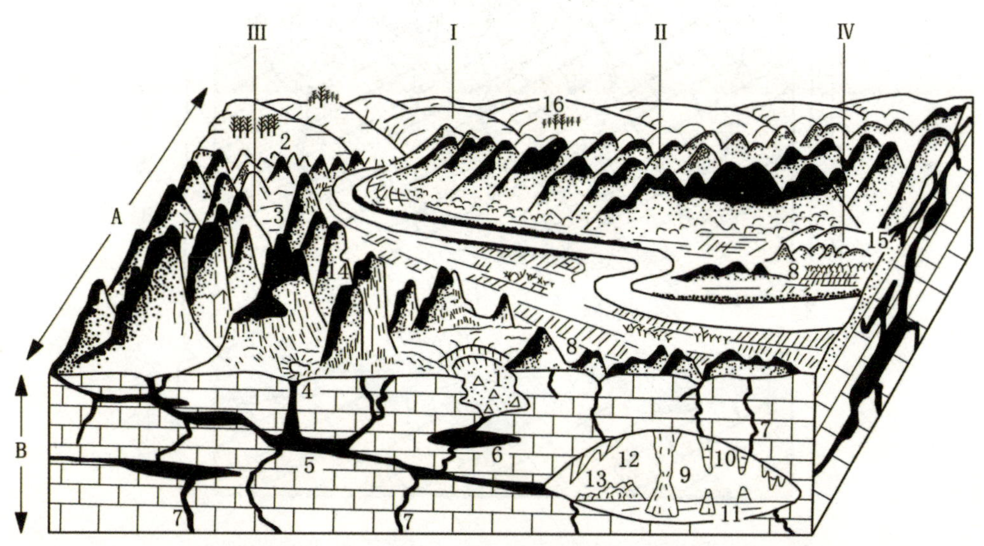

形态组合：I—岩溶高原；II—峰丛—洼地（谷地）；III—峰林—洼地（谷地）；IV—岩溶平原

岩溶形态：1—岩溶塌陷；2—石林；3—溶蚀洼地；4—落水洞；5—暗河；6—地下湖；7—溶隙；8—溶蚀残丘；9—石柱；10—石钟乳；11—石笋；12—石幕；13—洞穴角砾；14—抬升的溶洞；15—岩溶泉；16—陡崖 A—地表岩溶；B—地下岩溶

岩溶地貌示意图（据曹伯勋，1995）

（4）岩溶漏斗：由流水沿裂隙溶蚀而成。呈碟形或倒锥形洼地，宽数十米，深数米至十几米，底部有垂直裂隙或落水洞。

（5）落水洞：落水洞多分布于较陡的坡地两侧和盆地、洼地底部，也是流水沿裂隙侵蚀的产物，宽度很少超过 10 米，深可达数米至数百米。重庆及川南地区称之为“天坑”，一般称“竖井”。

（6）溶蚀洼地：通常由岩溶漏斗扩大或合并而成，面积小于 10 平方千米，具封闭性。

（7）岩溶盆地与岩溶平原：岩溶盆地又名坡立谷，是一种大型岩溶洼地，边缘略陡，并发育峰林，底部平坦且覆盖残留红土，多分布于地壳相对稳定地区；岩溶盆地继续扩大即形成岩溶平原，地表覆盖红土并发育孤峰残丘。

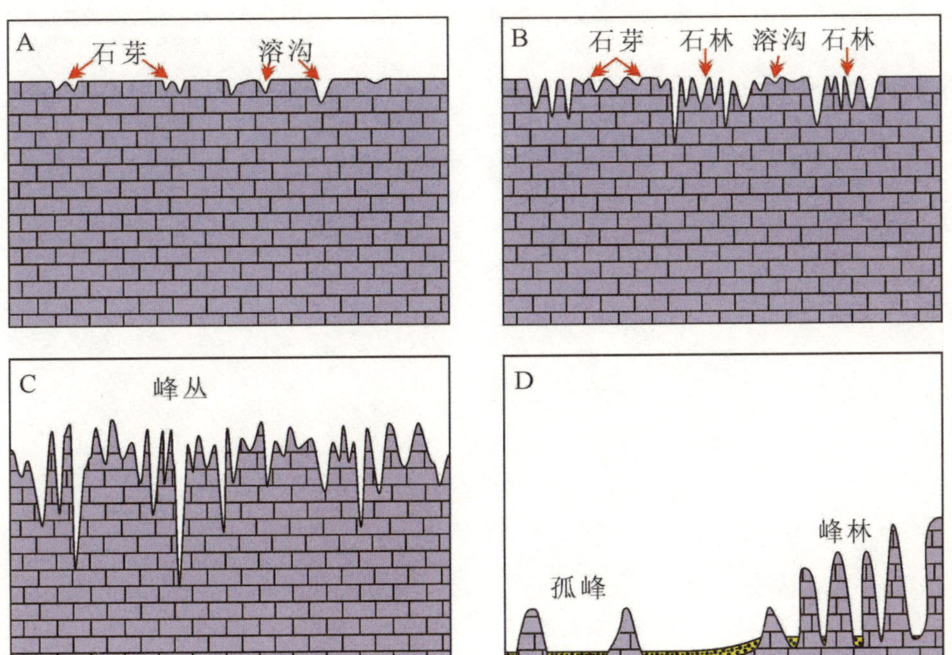

石芽、溶沟、石林、峰丛、峰林和孤峰的发育过程示意图

◆地下岩溶

地下岩溶形态有喀斯特管道、地下河（湖）、溶洞等；堆积形态有石钟乳、石笋、石柱、石灰华等。

（1）溶洞：是指由雨水或地下水溶解侵蚀石灰岩层所形成的空洞，又称钟乳洞、石灰岩洞。

（2）地下河：是指石灰岩地区地下水沿裂隙溶蚀而成的地下水汇集和排泄的通道。

（3）暗湖：是与地下河相通的地下湖，可储存和调节地下水。

第二章

百态山水话成因

2.1 石花洞形成的地质背景

从构造位置看，石花洞位于房山花岗岩体的北侧，地质上属于房山穹隆边缘向形带凤凰山向斜北翼的奥陶系马家沟组。地层南倾，走向近东西，倾角 30°左右。洞穴自上而下发育 8 层。

古生界奥陶系马家沟组，厚 51.70 米，以青灰色纹带灰岩为主，有白云岩夹层，基本不含硅质团块，岩性单一。岩石中含 Ca 较高，含 K、Na 值较低。其元素含量的变化与下伏冶里组明显不同，前者以石灰岩为主，后者以白云岩为主，加之上覆地层为石炭系砂页岩，这就使得马家沟组与上下地层相比有极强的溶蚀能力，发育溶洞。

北京西山已探明的岩溶洞穴 100 多个，主要分布在大石河流域，地质上处于北岭向斜北翼和谷积山背斜南翼的古生界石灰岩中，发育较好的洞穴主要产于马家沟组灰岩中。

马家沟组之上缺失上奥陶统（O_3）、志留系（S）、泥盆系（D）和下石炭统（C_1），沉积间断期达 1.5 亿年之久，上覆地层为中石炭统砂页岩。这就使得马家沟组与上下地层相比有极强的溶蚀能力，发育较好的溶洞，如鸡毛洞、银狐洞、石花洞、清风洞、孔水洞等洞穴群均发育在这一部位。这些洞穴以洞层多、石钟乳较长、石盾众生、月奶石发育最好、石笋中具有微层理、洞内有硬肢马陆穴居动物而称奇于世。

多层溶洞是地下溶洞的组合形式。规模较大的溶洞形成于岩溶水的水平流动带。如果一个地区的地壳间歇性地上升，水平流动带将随之间歇性地下降。在地壳相对稳定时期形成的一层溶洞，随着地壳上升将抬高到季节变动带或垂直循环带，而在新的水平流动带内又开始发育一层新的溶洞。多层溶洞具有显示区域新构造运动性质和幅度的意义。

银狐洞所在的地壳，在印支和燕山造山运动中经历了复杂变迁。自英水河向上，从最古老的震旦纪、奥陶纪、石炭纪、二叠纪、三叠纪、侏罗纪岩石，到最年轻的新近纪和第四纪岩石，北方所有的十个地质年代，都展现在人们的面前，被中外地质洞穴专家称为地质科研特区。洞中泉水经北京市地质工程勘察院多次取水化验，证实含锶、锌、锰、锂、铁、钼、钒、氟、硼、镁、偏硅酸等多种对人体健康有益的微量元素，经中科院地质研究所测定为低矿化度、低钠弱碱性水，经房山区卫生局测定水中含氡，又因其流经磁铁矿而成为天然磁化水，具有消炎、杀菌、增强细胞活力和生物活性的功能。

鸡毛洞位于房山花岗岩体北部的北岭向斜北翼马家沟组灰岩中，地层产状 190°∠70°，与其下游的银狐洞、石花洞、清风洞、孔水洞属同一地质构造部位。由一条地下河将其连为一体，地层向南倾，地下河均发育在开放洞穴南侧的下部，宽 3～6 米，沉积物主要为中粗砂，地下河在石花洞海拔高度为 130 米，在孔水洞海拔高度为 96.88 米。鸡毛洞深约 60 米，长 167 米，宽 7～35 米，高 10～45 米，体积 116900 立方米。洞口通道为竖井，洞体横断面呈矩形，共分 6 个厅，平面沿北西西向延伸，洞体纵剖面呈单一通道。

鸡毛洞口在唐朝末期被人为封死至今。如今，在当时打断的石笋上长出了新的石笋，这些新石笋高 2.5～3 厘米（洞顶仍在滴水，1 滴/10 秒），准确地记录了北京西山 1000 多年来古环境变化的信息，可誉为千年岩溶地质实验室。可以通过检测放射性同位素年代学的误差范围，并结合稳定同位素地球化学、沉积学、气候学、地方志历史学，来确定大气降水、洞顶渗水和洞内滴水沉积之间的响应关系，重建千年洞穴化学沉积物的沉积模式，搞清石笋生长机理，实现现代环境与古环境的对接，对预测未来的环境变化趋势具有重要的意义。

2.2 石花洞地区的地球历史演化

根据 Davis 的地形侵蚀循环理论，在同一个构造活动区域内各地点的地文期是可以对比的，多层溶洞的发育历史与山区地文期发育各个阶段之间有着密切的对应关系。所以，石花洞系的洞层与华北地文期是可以对比的，它们共同反映了华北山体的隆升过程。

1904 年 Willis 等将华北地文期分为北台期、唐县期、忻州期和汾河期。1919 年 Johan Gunnar Andersson 将其重分为唐县期、汾河期、马兰期和板桥期。1926 年王竹泉重分为吕梁期、唐县期、忻州期、汾河期和黄河期。1929 年 Barbour 分为北台期、唐县期、汾河期、三门期、清水期、马兰期、板桥期和近代期 8 个地文期。袁宝印分为唐县期、汾河期、泥河湾期、湟水期、周口店期、清水期、马兰期和板桥期 8 个堆积与侵蚀相间的地文期。地文期是区域地貌演化中对不同性质地貌过程的阶段性划分，Barbour 认为 2 个侵蚀期之间被 1 个堆积期分隔开。北台期属华北地壳稳定期，以五台山的北台夷平面为代表，整个华北为准平原，这种夷平作用发生在古近纪，现在内蒙古高原的老年型曲流河即为北台期夷平面的形态。唐县期属华北地壳稳定期，以河北省唐县夷平面为代表，发生在新近纪中新世，在华北的河谷中表现为最高的阶地——宽谷地貌，在岩溶分布区表现为最高的溶洞——穿洞。汾河期属华北地壳抬升期，形成了穿洞与石花洞第二层之间 164 米的巨大高差。泥河湾期属华北地壳稳定期，形成石花洞 2～3 层。湟水期属华北地壳抬升期，形成石花洞 3～4 层，之间的高差为 53.75 米。周口店期属华北地壳稳定期，形成石花洞第 4 层，与周口店第 1 地点相同，具有锁孔形溶蚀断面。清水期属华北地壳抬升期，形成石花洞 4～5 层，之间的高差 3.86 米。马兰期属华北地壳稳定期，形成石花洞 5～6 层。板桥期属华北地壳抬升期，形成石花洞 6～8 层，之间的高差 20 米。

2.3 石花洞岩溶地貌成因

从更大的区域看，渤海湾周围的太行山、燕山、辽东山地和胶东山地，从新近纪以来一直处于隆升状态。前人对这些山地的河流阶地做了大量的测量和研究工作，也做了地文期的划分，但没有做多层溶洞的划分。这些山地的碳酸盐岩地区普遍发育溶洞，层状特征明显，如朝阳市凤凰山的象鼻洞、围场九头山北的天生桥、黄崖关断裂西侧的溶洞、永定河 62 号隧道处的溶洞、怀来盆地北部枣儿口峡谷东侧的多层溶洞等。多层溶洞的某一层相当于某一阶地的高度，代表了多层阶地的高度，反映该处间歇性上升的特点，也表现了上升幅度的大小。

华南地区新构造隆升幅度没有华北地区大，所以洞层发育较少，脚洞向上 3 层者居多。而华北石花洞系所在的构造单元称为北岭向斜，8 层溶洞发育在同一地层（奥陶纪马家沟组）中，可与华北地文期和永定河阶地进行对比，从多层溶洞的角度反映了北京西山的新构造隆升。

石花洞系所在的构造单元——北岭向斜，是由侏罗纪末—白垩纪初发生的燕山运动形成的，两翼由古生界组成，核部为侏罗系，北翼岩层产状南倾，倾角约 30°，南翼岩层产状北倾，倾角约 60°。

侏罗系南大岭组辉绿岩斜卧在向斜的南翼上，与下伏双泉组的产状不协调，这是由侏罗纪之前发生的褶皱运动所致，结合中国北方其他地区也存在类似的接触关系分析，双泉组沉积之后与侏罗系沉积之前，中国北方发生过一次较强烈的构造运动——印支运动。石花洞系发育在北岭向斜北翼的古生界奥陶系马家沟组顶部，地层南倾。

北京西山的溶洞层状特征极其明显，直接与包气带、饱水带之间的地下水活动有关，溶洞的位置代表当时的侵蚀基准面，多层溶洞反映了该处间歇性上升的特点。

形成石花洞的马家沟组石灰岩南倾，洞穴通道沿着地层走向延伸，其顶、底板的纵剖面坡降很小。洞外东山顶发育穿洞，为唐县期形成的洞穴，实际为第 1 层洞。第 2～3 层和第 5～6 层洞穴横断面为椭圆形，应该为潜水带洞，第 4 层和第 7 层以下洞穴横断面为锁孔形，应该为渗流带洞，显示地壳抬升速度加快。

石花洞中月奶石的矿物成分为隐晶方解石，镜下呈丝状和蜂窝状，化学成分为 $CaCO_3$ 和少量 $MgCO_3$，通常产于池水中，另在中心大厅钙华丘表层钙板（1～3 厘米）之下也有分布，手摸有滑腻感。此时洞外覆盖着以云杉、冷杉为主的针叶林，并有披毛犀、猛玛象等喜冷动物生长其间。从云杉、冷杉等针叶林的分布高度与现今植被分布区相比来看，当时平均气温约为 4～5 摄氏度（现今洞内平均气温 13 摄氏度）。另外在永定河山峡幽州村，北京平原区乐新居剖面地下 12 米粘性土层中发现融冻作用造成的卷曲现象，也印证了月奶石产生的时期是较寒冷的。

1995 年 11 月 4 日，地质专家在洞内南北大走廊的两端（戏台大厅和平型关）各取得一块石笋。一块长在钙华板上，长 14 厘米，直径 10 厘米；一块长在崩塌块上，长 33 厘米，直径 9 厘米。经分析，石笋中微层理的发现为利用石笋研究古气候开辟了新的途径，但与开放系统的湖泊纹泥、树轮、黄土、冰芯相比，工作还很薄弱。石笋微层理是在封闭、半封闭的状态下生长的，不可能像开放系统的沉积那样直接地代表年层。要做深入细致的工作，不但需要研究石笋本身，还要研究洞内气候与洞外气候的响应关系，以及洞穴顶板的厚度、岩性、裂隙发育状况、含水量、渗透系数和 CO_2 在洞穴顶板随水迁移中的溶解和溢出过程，进行动态观测后，再分析石笋微层理是否为年层，才显得客观。

石花洞内的钟乳石种类齐全，叠置关系明显，可粗略地分出期次，初步建立剖面，进而与研究程度很高的周口店洞穴群碎屑沉积剖面进行对比。这是继洞穴碎屑沉积剖面、黄土剖面、太平洋钻孔剖面、南极冰芯剖面之后的又一创举，为第四纪地质学的研究提供了新的载体。

第三章

游走岩溶王国
——石花洞

3.1 游走石花洞之岩溶景观

石花洞园区有各类岩溶洞穴 30 余个，均分布在大石河沿岸，其中最为著名的是石花洞和银狐洞，是中国北方温带气候条件下岩溶洞穴的典型代表。形成洞穴的地层为距今 4.9～4.5 亿年的石灰岩（地质学家称为“奥陶纪”），洞穴的形成则是在距今 7000 多万年前。洞穴内岩溶沉积物千姿百态，堪称岩溶艺术殿堂。

3.1.1 探秘石花洞景区

石花洞洞内一年四季恒温 13 摄氏度，温暖湿润，有人写了这样的对联：“北京城四季分明，石花洞天天如春。”

石花洞内地下暗河

五光十色的地下宫殿

石花洞由于洞体深部有较大的空间和地下暗河，因而形成了洞穴气候环境自行循环调节的优越条件，对游人呼出的二氧化碳可以自行排除 99.9%。石花洞的规划开发合理，是夏天防暑降温的好去处，并且由于有天然形成的换气口，所以水汽不大，并不感觉憋闷。

石花洞内的岩溶景观玲珑剔透、华彩多姿、类型繁多，大大小小形态各异的石幔、石旗、石盾、石钟乳在五颜六色灯光的映照下，更显生命力。其中“瑶池石莲”已生长 32000 余年，洁白丰满，由大片的月奶石沉积而成，世界稀有，在中国属首次发现；“黄河瀑泻”由高 12 米，宽 23 米的巨大石钟乳形成，气势磅礴，雄伟壮观；“银旗漫卷”由垂直高度 2.18 米，宽度 2.1 米的巨大石旗形成，形似一只巨大的乳白色海螺，两边微卷。除此之外，还有很多栩栩如生的岩溶景观，定会让您惊叹大自然的神奇。

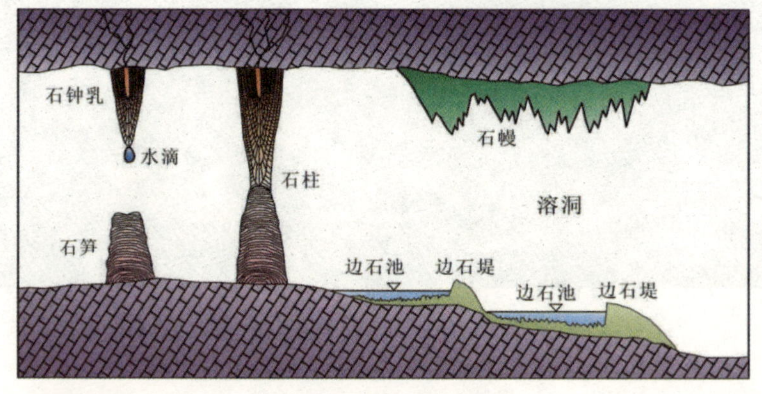

溶洞中堆积地貌组合

瑶池石莲

景观之“黄河瀑泻”

景观之“银旗漫卷”

石花洞已探明有 7 层，因为技术因素及洞体保护的要求，现只对外开放 1～4 层。在这 7 层以下到底还有多少层、多少洞至今还是个谜。石花洞的形成是由上往下的，一层形成最久，大约有 100 万年，洞体的空间是水冲刷形成的，我们看到的钟乳石是由流水、滴水以及渗透水形成的。

晶莹剔透的钟乳石

都说景色美不美，全靠导游一张嘴。但是，石花洞肯定是例外，因为它的奇与美是我们能够看到和感受到的。走进这座地下岩溶艺术博物馆，处处有惊奇，处处是美景。

石盾

石幔

大型石笋

穿行在石花洞这座地下岩溶宫殿里，想到最下面的两层还有幽深的地下河，这地下河的河水不知是平静的，还是波涛滚滚的，不知在这漆黑一团的地下河中是否有生物生存。这是一个未知的世界，而在这个未知的世界到底藏着多少奥妙耐人追寻。

有的游客形容从石花洞出来的时候，感觉像是误入仙境的孩子正被仙境的神奇、壮丽、诡异吸引得无可救药时却被轰了出来，抛回了尘世间。洞内的美景深深地存在游客们的脑海里，不时在梦中萦绕。可庆的是，这里不是陶渊明的桃花源，是房山世界地质公园的石花洞，是有迹可寻的秘境。

神秘的地下暗河

3.1.2 畅游银狐洞景区

银狐洞景区具有如下特点：

（1）拥有华北地区唯一可乘船游览的天然地下河；

（2）洞穴规模大，已探明长度 10 千米，可游览长度近 5 千米；

（3）“银狐”系毛绒状碳酸钙沉积物，外形奇特，被称为“世界溶洞一绝”；

（4）拥有北京首家天然洞体地下溶洞音乐大厅；

（5）可在洞内乘坐小矿车。

银狐洞景区欢迎您

银狐洞可常年游览，洞内恒温 13 摄氏度。景观不受季节、天气影响，四季皆宜。

走进银狐洞景区

银狐洞地处石花洞园区的东北部，坐落在层峦叠翠之中，泉水溪流之岸，发育在4亿多年前的奥陶纪石灰岩中，洞穴空间形成于几百万年内，是华北地区唯一开放的水旱洞为一体的大型自然风景溶洞。洞内有极具特色的岩溶景观，在华北地区享有盛誉。近年来，景区在开发旅游的同时，积极整合自然资源，完善配套设施建设，开辟了洞内科普探险游览项目，增加了服务特色，使景区的知名度不断提高。

银狐洞入口

银狐洞景区以洞内喀斯特岩溶奇观——“银狐”闻名于世。银狐洞洞体幽长，曲回。“银狐”通身布满毛绒状银刺，晶莹洁白，顶部形成一条粗大的尾巴，形象极为逼真，银狐洞由此得名。“银狐”为世界首次发现，被誉为“自然奇观，中华国宝”。

银狐洞发育的地质年代为奥陶纪至石炭纪，距今已有5～3.2亿年。洞口海拔高度207米，相对高度10米，被称为“华北的地下迷宫”。洞体深长，平面结构复杂，有高大的厅堂，也有狭窄的洞道，主洞、支洞、横洞、竖洞、水洞、旱洞纵横交错，洞连洞，洞套洞，上下贯通，宛若一座没有尽头的艺术迷宫。

银狐洞地下迷宫

中国科学院地质研究所的专家学者一致认为，银狐洞是我国北方最好的溶洞。已探明洞道总长5000米，开辟游览线路4000米，其中旱洞3000米，水洞1000米。

多层多支的银狐洞

银狐洞内既有一般洞穴中常见的卷曲石、壁流石、石珍珠、石葡萄、石瀑布、石枝、石花、石蘑、石幔、石盾、石旗、穴珠、鹅管等，还有一般洞穴中少见的云盆、石钟、大型边槽石坝、仙田晶花、方解石晶体。令人不解的是，洞内石花数量惊人，形状奇异。洞顶、洞壁，以及支洞深处的仙田里，菊花状、松柏枝叶态、刺猬样的石花密布。我国洞穴中的石花，在南北都有所分布，论说起来，哪个洞穴也不及北京房山银狐洞。为何独此洞石花如此之多，没人能够说得清。在一个人必须四肢贴地才能钻进去的小洞口，沿狭窄的洞壁前行十来米，是三叉支洞的交汇处。

石菊花

这个大型风景溶洞是北方最大的洞穴系统，按其洞体走向和景观特点，分为十个景区，100 多个景观。这十个景区分别是：葡萄仙沟、地下龙宫、银河泛舟、水晶玉竹、星光灿烂、革命胜景、人间仙境、猫头银狐、百米画廊和送客大厅。

洞中美景，美不胜收

深入地下106米，一条“仙河”跃然眼前，这是华北地区唯一被发现的地下河。河道多潭多岔，迂回弯转，忽宽忽窄，乍高乍低，窄时一舟刚过，宽处空旷如厅，高处高不见顶，低时需弯腰90°才不致碰到岩石，神秘莫测。河水清澈，河道幽长，河底有五颜六色的卵石，在灯光的照射下，映出粼粼波光，游客四季均可泛舟观赏洞中奇观，似进入梦幻世界。

船行河上，两侧石壁嶙峋，季节河里到处可见钟乳石，而在地下河里却找不到一点钟乳石，全部都是大理石、汉白玉。据地质洞穴专家解释，这是因为在1.35亿年前，银狐洞正南，现燕化一带岩浆上升，但没形成火山喷发，岩浆凝聚成1000米高的大鼓包，体积膨胀起来后，由南向北挤压石灰岩，使地下河道一带的石灰岩发生错动，岩石磨擦时产生30摄氏度以上高温，大理石、汉白玉是石灰岩在高温下的变质岩，变质岩不溶于酸性水，不可能形成钟乳石。

银狐洞内的地下暗河

俯视河底，虽水深2米，河底石块好似近在咫尺。地下河的出口不在河道正中间，而是来自距河道南侧8米的一个宽2～3米的岩石裂隙中，水是从一个深不可测的泉潭中涌出的。经同位素测定，水在地下运行15至16年，是200米的深层水。泉潭水位却常年高于暗河水面30厘米，河水不能倒灌，不会污染水源。此水经两年多化验分析，确定为麦饭石矿泉水，水中含锶、硒、硼、铁、钙、镁、偏硅酸等多种微量元素。经进一步化验此水为低钠、低矿化度、弱碱性水（PH值为7.85），水中含氡（放射性活性值完全符合国家标准）。又因其流经磁铁而成为天然磁化水，具有消炎、杀菌、增强细胞和生物活性的作用。经患者亲身实践，饮用或用此水洗浴，对类风湿、关节炎、哮喘病、糖尿病、神经性头疼、痤疮、眼球发炎、泪风眼、白内障等疾病有显著疗效。

这条河流向何方？出口何处？经地质专家测定，这条河流经石花洞，到达万佛堂孔水洞而出现在地面，露出真容，全长至少在 20 千米以上。北魏时期地理学家郦道元的《水经注》曾有详细记述。相信在不久的将来，这条华北第一地下河的全程一定会贯通，它的神秘面纱也一定会被揭开。

畅游银狐洞

银狐洞于 2000 年通过国家 AA 级景区评选，2002 年又获得国家风景区称号。2002 年开设的洞内代步电车，可使游客免受长途步行的劳苦。2003 年开辟的洞中水路探险，使洞中水路旅游项目更加完善，使银狐洞旅游更具特色。此外，2003 年景区在 2000 多米的水洞交接处，利用天然洞体开辟了北京首家地下溶洞音乐大厅茶座，受到了游客的好评。

银狐洞周围环境优美，春来百花盛开，莺歌燕舞；夏日山峦叠翠，郁郁葱葱；秋季天高气爽，果实累累，核桃熟，柿子黄，满山遍野果飘香；冬天洞府春意暖，银河泛舟好舒畅。

风景优美的银狐洞景区

地学小知识

银狐洞的由来

1991年7月1日，距北京70千米的西南郊房山区佛子庄乡下英水村采煤掘进岩石巷道时，巧遇溶洞，即今日已正式对外开放的银狐洞。

银狐洞洞顶密布着大朵石菊花，洞底有个一米高的石台，一个长近两米、形似雪豹头银狐身的大型晶体从洞顶垂到洞底，通体如冰琢玉雕般洁白晶莹，并且布满丝绒状的毛刺，密密麻麻，毛刺一、二寸长不等。此种景观此前洞穴专家亦见所未见，闻所未闻，在世界上是首次发现。

形象逼真的“银狐”

对“银狐”的成因，人们有不同的说法。以北京市地矿局董新菊为首的一部分工程师认为，“银狐”是由于雾喷后凝聚而形成的。以国际洞穴联合会副秘书长张寿越为首的中国科学院地质研究所一部分专家教授则认为，丝绒般的毛状晶体是含有这种物质的水，从内部通过毛细作用渗透到外部而形成的。也就是说，前者持外部成因论，后者持内部成因论，究竟孰是孰非，亦或二者都不是，而属第三种成因，目前还没人能说得清。曾有一位颇有名气的气功师光临银狐洞，并进行了发功测试，测试的结果表明，此处“磁场”异常强，远远超出其他地方。假若气功师所测可信，是否可以说“银狐”以及洞内石花等溶蚀物都是强磁场所“造化”也未可知！

“银狐”的成因众说纷纭

3.2 游走石花洞之地质常识

1. 石花洞的形成

4 亿年前房山地区曾经是一片海洋，在海底沉积了厚度巨大的碳酸钙沉积物，成岩后即现在的石灰岩。地壳运动把海洋抬升为陆地。在 7000 万年前，华北地区发生了构造运动，流水对地表和地下的岩石进行侵蚀，房山地区的许多洞穴也是在这一时期形成的，石花洞也是在经历了多次抬升后所形成的多层溶洞。

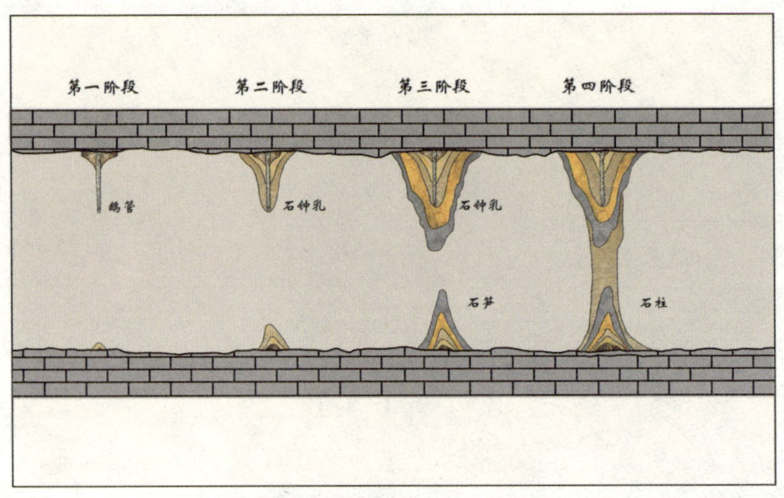

石花洞形成的四个阶段

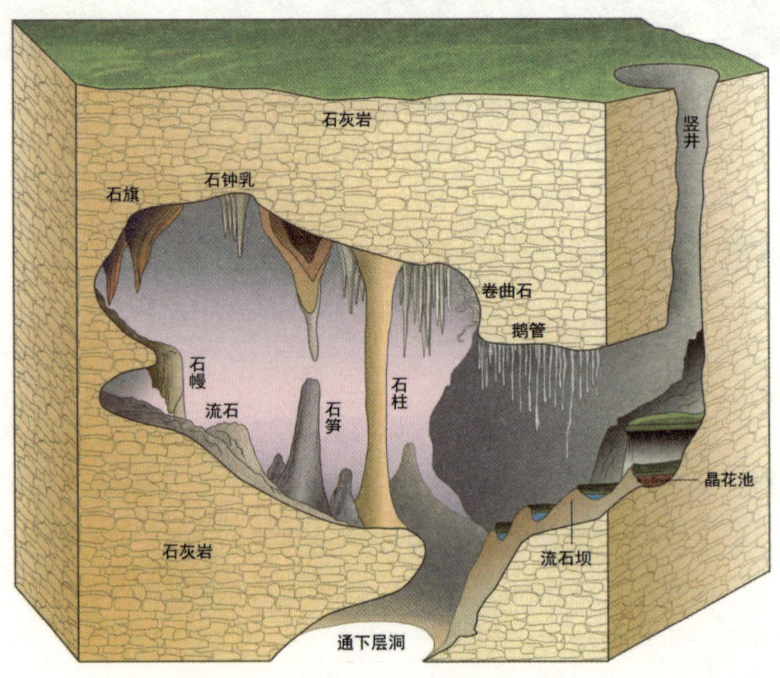

多样的岩溶地貌类型

2. 石笋和石钟乳

笋乳相连

洞穴顶部的滴水向下渗透，溶液会慢慢蒸发，碳酸钙会缓慢沉淀，时间久了，就形成了碳酸钙沉积。由下往上生长的称为“石笋”，由上往下生长的为“石钟乳”。

3. 石柱

石笋和石钟乳分别不断生长，最后连接形成石柱。

4. 月奶石

月奶石是一种乳白色、含水分高、可塑，通常呈乳酪状、粉末状、海绵状的洞穴碳酸钙、碳酸镁堆积物。

石柱

月奶石

5. 石旗

富含碳酸钙的地下水沿洞壁从上往下渗透或流动并缓慢沉积，形成似旗状的沉积物称为“石旗”。

石旗

6. 鹅管

当洞穴顶部的滴水下滴速度变慢，水滴悬挂在空中时二氧化碳溢出，在水滴表面形成一层很薄的薄膜，下滴水不断供给，久而久之便形成了细长、中空、洁白的空管，这就是“鹅管”。

鹅管

7. 石盾

石盾形似盾状，是由微力承压水的裂隙水，从长度较小的裂隙口流出形成的洞顶或洞壁碳酸钙沉积物。如水流量增大，在石盾下面形成石钟乳或石幔。石花洞洞中石盾约 200 个，最大的高出地面 1.2 米，是盾中之王，堪称全国之最。

石盾

8. 石幔

石幔是由饱含重碳酸钙的薄层水，自洞顶或洞壁流出，形成垂吊的波状褶裙形的流石，形似布幕，又称“石帘”。洞中最大的石幔高 10 米，宽 18 米，由 540 片石钟乳组成，为国内之冠。

石幔

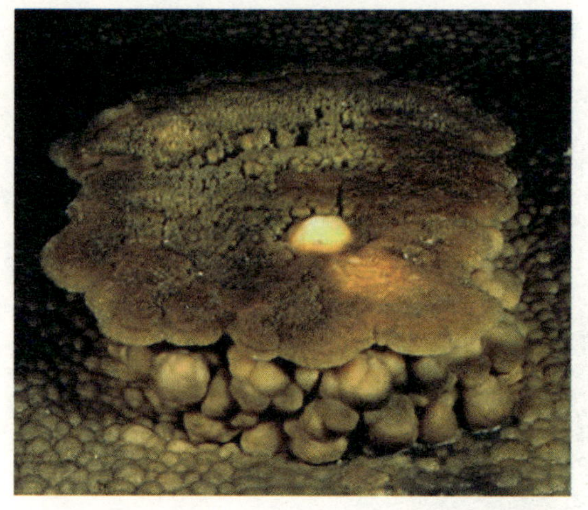

云盆

9. 云盆

云盆是呈圆形或浑圆状的碳酸钙沉积，形成于较开阔的洞穴水潭中，盘顶面一般位于一个水平面，常与边石同时出现。石花洞的云盆分布在第三层洞底，多而典雅。

壁流石

10. 壁流石

壁流石是由于流水沉积作用形成的石瀑布。

11. 暗河

暗河是指碳酸盐岩中发育的地下河，是由于地表河沿地下岩石裂隙渗入地下，岩石经过溶蚀、坍塌以及水的搬运，在地下形成了大小不同、长短不一、错综复杂的管道系统，最终成为了今天的暗河系统。

3.3 游走石花洞之人文古建

1. 万佛堂

万佛堂是全国重点文物保护单位，建在孔水洞出水口的墩台上。坐西朝东，始建于唐玄宗时期（公元 713～756 年），是孔水洞古刹仅存的一座殿宇，原名万佛龙泉宝殿，因殿内嵌有《文殊、普贤万菩萨法会图》，所以俗称万佛堂。现存建筑为明代重建，其券门顶嵌石额楷书“大历古迹万佛龙泉宝殿”，落款“大明万历已丑春吉日重建”。现存建筑是歇山顶的 3 间无梁殿，门上嵌有莲花瓣浮雕石匾。面阔三间 13.72 米，进深一间 8.5 米。殿内正面及两侧墙壁嵌有石浮雕“万菩萨法会图”，长 23.8 米，高 2.47 米，由 31 块长方形汉白玉石雕组成。主题浮雕是释迦说法的场面。浮雕佛像约万尊，其上有“大历五年”的题记，堪称唐代浮雕艺术珍品。

房山万佛堂

2. 孔水洞

孔水洞位于石花洞系地下河的出口，地下河面海拔 96 米。唐代洞中曾漂出桃花，也曾有人划船进入洞中，故有“孔水桃花”或“孔水仙舟”之称，是房山八景之一，也是房山的得名地。

万佛堂下的孔水洞

远在1500年前的北魏时期，郦道元在其《水经注》（卷十二，圣水、巨马水）中就记录过孔水洞："水出郡之西南圣水谷，东南流经大防岭之东首山下，有石穴，东北洞开，高广四五丈，入穴转更崇深。穴中有水，耆旧传言，昔有沙门释惠弥者，好精物隐，尝篝火寻之，傍水入穴三里有余。穴分为二，一穴殊小，西北出，不知趣诣；一穴西南出，入穴经五六日方还，又不测穷深。"这些语言客观地记录了孔水洞的溶蚀大形态，具有科普的思想。

万佛堂下的孔水洞由人工砌成高大的券口，是天然溶洞。东北洞开，泉水从孔水洞内涌出，水势汹涌，东流而去，汇入大石河。洞前依山势筑砖石墩台，中辟券洞，水出其下，清冽见底，洞券面石砌，中雕兽头，左右二走龙，券用青石平砌，下承条石基础，距水面约40厘米处，两侧基石向内挑出二层台，宽约20厘米，可容半足。据民国初年的《琉璃厂杂记》记载，洞口原有石门，"水出其下，横以石梁，立而窥之，深暗不可尽睹。"今石门已无，石梁亦遗失不全。

孔水洞是著名的历史名洞，历代文献多有记载，离洞口不远的石壁上有隋唐时代的造像和刻经，造像高1米，宽2.5米，依岩开凿，总计6尊，与云岗、龙门石窟相似。1982年该洞一度干涸，曾出土动物化石、铁器和7条唐代金龙。万佛堂孔水洞的两翼各有一座塔，左翼是小龛密布的花塔，辽代创建，通高约20米。右翼名叫"龄公和尚舍利塔"，创建于元代，为八角形七级密檐式，通高约18米。

离洞口不远的洞壁上存有隋大业十年（公元614年）刻经和隋唐时代的雕像，刻经大部分溺于水中。孔水洞由人工砌成高大的券口，是天然溶洞，洞内有泉，可乘舟驶入。孔水洞是房山石经早期刻经地点之一，在"房山石经学"方面占有重要位置，为北京市级重点保护文物，极具历史文化研究价值。

孔水洞古时曾称"龙泉"，是幽州地区著名的祈雨之所。《重建龙泉大历禅寺之碑》："唐玄宗时天雨不节，民祈于是，莫不应征尔。"

自北魏郦道元所著《水经注》对其始作记述以来，历隋、唐、辽、金，以迄明、清，各代史籍或金石文献对此洞都有涉及。孔水洞及洞外的寺庙建筑（后称万佛堂）成为京西一处佛教胜地，经辽金至明清，香火不绝，游人不断。

3. 鸡毛洞

鸡毛洞属岩溶洞穴，位于北京市房山区佛子庄乡北窖村。鸡毛洞中有由滴水、流水和停滞水形成的各类钟乳石沉积物，还有古人留下的文字、遗骸、灯碗及烧火炼丹的遗迹等。洞口刻有洞图，图右上方画有“三”卦爻，按后天八卦代表乾（西北）方位，与洞体延伸方向一致，此图有暗示，尚需进一步研究。洞内文字刻或写在 4 至 6 厅的南壁以及洞厅之间的石柱上，许多已被钙华覆盖，反映了唐朝咸亨、开元、天佑 3 个时期的人文活动。古灶在 5 厅东端正中，由 3 个平放的石笋构成。木炭散布在 4～6 厅，大部分已被钙华覆盖。油灯碗属陶器，共 9 个，均匀分布在 3～5 厅，1 厅发现一具人骨遗骸。

鸡毛洞内的岩溶景观

据洞中现存的文物资料记载，早在唐朝（公元 670～733 年）已经是当地居民经常活动和栖息的场所。鸡毛洞在公元 670 年以后的唐朝，大约经历了三次人类活动，洞内留下了宝贵的文字记录，许多被后期的钙华淹没，在纯净的钙华里仍可见到字迹。这些文字为研究唐朝幽州地区的人文活动提供了大量史料。

该洞穴不仅在岩溶地质学和考古学方面有重要的研究价值，而且具有建成一个新的旅游景点的良好前景。

第四章

玩转石花洞

4.1 交通攻略

1. 环保公交行

（1）北京天桥917路——石花洞专线；

（2）北京天桥917路——河北庄支线（石花洞站下车转乘特1路即到）；

（3）房山43路到石花洞或者南车营村下车；

（4）北京前门游客集散中心乘旅游专线车旅7路（每年4～10月份的周六、日和节假日期间发车）；

（5）陶然亭北门有直达石花洞的汽车。

2. 自驾游

（1）前往石花洞景区

从北京市区（六里桥）出发，上G4京港澳高速，至阎村出口右转至京周路（S317），沿京周路行驶1. 7千米，在阎村桥向右转进入阎河路，行驶约450米至阎东路，直行可达石花洞景区。

（2）前往银狐洞景区

从北京市区（六里桥）出发，上G4京港澳高速，至大件路出口右转至大件路（S326），沿S208向河北镇方向行驶至G108左转，至银狐洞路口左转，即可抵达银狐洞景区。

4.2 饮食攻略

4.2.1 农家特产推荐

1. 磨盘柿

磨盘柿历史悠久，相传明代洪武年间（公元 1368～1399 年）房山就有柿树栽培。明万历年间（公元 1573～1620 年）编修的《房山县志》记载："柿为本境出产之大宗，西北河套沟，西南张坊沟，无村不有，售出北京者，房山最居多数，其大如拳，其甘如蜜。"被朱棣皇帝封为御用贡品。磨盘柿以果实个头大、形状似"磨盘"而得名，产自中国北京房山境内。

磨盘柿

磨盘柿果实扁圆，腰部具有一圈明显缢痕，将果实分为上下两部分，体大皮薄，无核汁多，单果平均重 230 克左右，最大可达 500 克左右。

磨盘柿直径7厘米，果顶平或微凸，脐部微凹，果皮橙黄至橙红色，细腻无绉缩，果肉淡黄色，适合生吃。脱涩硬柿，清脆爽甜；脱涩软柿，果汁清亮透明，味甜如蜜，耐贮运，一般可存放至第二年二三月份。

2. 薄壳香核桃

此种核桃系北京市林果所1975年从新疆实生核桃选出，1984年鉴定命名。主要优点是早实、壳薄，种仁饱满、味香。出仁率高，雄花较少。坚果长圆形，麻壳，平均单果重12克，壳厚1.04毫米，出仁率60%左右。中长枝结果，雌雄花同时开放。

薄壳香核桃

3. 荆花蜜

荆花蜜是荆花蜂蜜的简称，也叫荆条蜜，是四大名蜜（荆条蜜、枣花蜜、槐花蜜、荔枝蜜）之一，也是我国大宗蜜源中每年最稳收的蜜品之一。立秋前后，秋高气爽，荆花丛中，蜜蜂穿梭其间，采花露酿制成荆花蜜，浅琥珀色，入口留香，回味无穷，因其质优被称为“一等蜜”。有美容、健体、润燥、祛风解毒、润肠通便、开胃健脾、调理肠胃、益气补中、发汗散热、散寒清目之功效。

荆花蜜

4. 菊花酒

用菊花加糯米、酒曲酿制而成，古称“长寿酒”。其味清凉甜美，有养肝、明目、健脑、去痿痹、延缓衰老等功效。

菊花酒

5. 菊花粥

用菊花与粳米同煮成粥，能清心、除烦、明目、去燥。古人还有菊苗粥，用甘菊新长出来的嫩头，切细，入盐同米煮粥，食之能清目宁心。

菊花粥

6. 菊花糕

把菊花切碎拌在米浆里蒸制，或用绿豆粉与菊花制糕，清香可口，具有清凉祛火的食疗效果。

菊花糕

7. 菊花肴

用菊花与猪肉炒，或与鱼肉、鸡肉煮成“菊花肉片”，荤中有素，补而不腻，清心爽口，可用于头晕目眩、风热上扰之症的治疗。南方的“菊花锅”和广东的“蛇羹”都离不开新鲜菊花。

菊花肴

8. 菊花枕

将菊花采集后阴干，收入枕中，如此制作而成菊花枕对高血压、头晕、失眠、目赤等都有较好的疗效。

菊花枕

9. 房山黄金梨

黄金梨品种果实呈圆形，稍扁，果皮金黄色，故称为黄金梨。平均单果重300～350克，果肉细嫩，果汁丰沛，可溶性固形物含量14.7%左右，酸甜可口，风味极佳。

果实9月中、下旬成熟。该品种成花极易，早实性强，栽后第2年即可结果。密植丰产园（亩栽150～200株）2年生可达500公斤产量，植株生长对肥水条件要求较高。结果量过大，易引发树势衰弱，因此生产中应注意疏花疏果，配好授粉树。因该品种花粉较少，栽植时应配置两个授粉树品种。黄金梨售价高，是目前国内外市场售价最高的梨果果品。

房山黄金梨

4.2.2 原生态农家乐

北京市房山区自古以来就是土地肥沃，适宜四季蔬菜生产的地方。到了秋季房山区还会为各种水果举办金秋节采摘活动，其中各式各样的水果吸引了很多市民前来采摘，体验农情农色。

房山区著名的采摘园有大草岭生态观光采摘园、房山区大石窝草莓采摘园、房山绿色生态采摘园、琉璃河务滋休闲采摘园等几十处，都是采用有机农家肥，能够为您提供天然、无污染、安全、优质、营养丰富的有机水果和蔬菜。

房山区的草莓、樱桃、水蜜桃、葡萄、红富士苹果等水果都按照季节安排采摘。无公害白菜、萝卜等百余种时令蔬果可供游人随时采摘，小西红柿、豆角、茄子、菜椒、苦瓜等几十种有机蔬菜也可全年采摘。

房山区各种采摘园中的有机水果都芳香多汁、酸甜适口，蔬菜也是营养丰富、种类齐全，这些年吸引很多北京市民前来体验收获和采摘的乐趣。与此同时房山区采摘园还充分展示了中国现代农业的风采，再加上美丽的农村田园风光，更是为游人提供了一个休闲娱乐、旅游观光、体验乡情农趣、回归大自然天然氧吧的良好场所。

快乐体验农家乐采摘园

现在的石花洞园区拥有完善的旅游专用宾馆、经济实惠的特色餐厅，更为游客提供了古色古香的农家旅游小舍，已成为融吃、住、游、购、娱乐为一体的世外仙境度假区。石花洞地区还有特色的山野菜、花椒芽、河鱼、小河虾、炖柴鸡、柴鸡蛋、贴饼子、菜团子、玉米粥等农家菜，都是源自大自然的绝对无添加剂的无污染食品。独有的篝火晚会设有烤全羊、烤野兔、烤虹鳟鱼等特色烧烤，令游客在礼花炮声和音乐声中尽享快乐。

您是否已经对房山区的农家乐旅游动心了？动心了就要行动起来，

趁着春暖花开，来享受一把真正的农家风情。透露给您一个小秘密，这里春天的野菜是最好吃的，千万不要错过哦。

农家乐采摘之旅

农家乐餐厅：

(1) 凯鸿餐厅（距石花洞园区约 14 米）

电话：010－60311421

(2) 浩森源（距石花洞园区约 26 米）

电话：010－60312579

(3) 石花楼餐厅（距石花洞园区约 175 米）

电话：010－60311482

(4) 宏城大饭店（距石花洞园区约 312 米）

电话：010－60312825

(5) 天源饭店（距石花洞园区约 333 米）

电话：010－60312082

(6) 双翼餐厅（距石花洞园区约 383 米）

电话：010－60311423

（7）新铃饭店（距石花洞园区约 398 米）

电话：010－60311423

（8）洞客隆餐厅（距石花洞园区约 424 米）

电话：010－60311468

（9）车营餐厅（距石花洞园区约 492 米）

电话：010－60311421

（10）至缘饭店（距石花洞园区约 501 米）

电话：010－60311893

（11）怡梦缘餐厅（距石花洞园区约 514 米）

电话：010－60312808

（12）光明餐厅（距石花洞园区约 550 米）

电话：010－60311453

（13）早春餐馆（距石花洞园区约 582 米）

电话：010－60311893

第五章

野外装备和安全

穿梭在千奇百怪的溶洞里，你会被大自然的鬼斧神工所吸引，心情会豁然愉悦。尤其是在天气炎热时在溶洞中游览，你会倍感凉爽。但是一次安全快乐的溶洞游，是在准备齐全的情况下才能获得的，因此，出行前一定要做好准备。

5.1 漫话洞穴探险

5.1.1 水洞探险

水洞探险有两种情况：一种情况是在具有自由水面的地下河廊道里探险。除了橡皮艇（或小筏排、小木船、充气轮胎）、防水服、救生衣、测绳等必备装备之外，还需注意两个问题：一是由于水流的冲刷和溶蚀作用，洞底与侧壁的基岩往往被侵蚀成刀片状，锋利异常，裸手放上去一按就是一道血口子，故裸手、裸足进行水洞探险是不允许的，必须注意对手、足部进行保护，且对鞋的质量要求很高；二是要时刻注意洞内有无跌水、瀑布、急滩或落水洞等危险洞段，避免因麻痹大意而发生危险事故。

第二种情况是洞穴潜水。在许多地下河型洞穴内，常常会遇到没顶的充水通道和倒虹吸管道，此时常规的探洞方法已失去作用，必须求助于潜水技术。和海洋潜水或内陆江河湖泊潜水相比，洞穴潜水更为危险，因而技术要求也更高。简易的洞穴潜水装备包括：空压机、轻便橡胶潜水服、潜水帽、供气瓶、脚蹼、压力表、潜水电筒和潜水匕首等。洞穴潜水环境的特点概括起来是：能见度很低；通道复杂多变，在洞内不易判断方向；万一出现紧急情况（如技术故障）时不能像开阔水面潜水那样迅速浮出水面；通道内空气稀薄，CO_2浓度大，即使潜水过程中遇到具有自由空间的通道也不能随便除去氧气供应等。因此，没有经过专门训练，是不允许进行洞穴潜水的。

5.1.2 干洞探险

由于干洞一般处在相对较高的地势部位，具有相对较长的发育史，因而干洞中多具琳琅满目、多姿多彩的钟乳石类沉积。干洞探险往往能带给人们一种美的享受。

干洞探险中难度最大的是垂直洞穴的探险，如竖井、落水洞和塌陷天窗等。垂直洞穴探险具有更高的危险性，因此要求具备更高的技巧。在这里我们简略介绍一下单绳技术的主要装备。

(1) 绳子：天然纤维编织而成的绳子（如大麻、剑麻、棉花等）很容易在洞穴环境（阴湿）中腐烂；而低溶点的塑料绳，又很容易因摩擦、失重坠落而损坏，因而都不能适用于探洞。当前世界上所通用的探洞专用绳索，是直径为 10 毫米低延展性的尼龙绳。

绳子的保养是很重要的，每次出去探险之前或探险回来之后，都必须仔细检查和清洗绳子，以杜绝隐患。此外，出于安全的考虑，在探洞者中有一条不成文的规定，即绳子不能放在尖利的石头上，且绳子上不能随便坐人。

(2) 个人装备包括以下几类：

Ⅰ. 安全带（胸带与臀带）

Ⅱ. 联接用的铁锁

Ⅲ. 下降器和上升器

Ⅳ. 工具袋：主要是用来装防止绳索与洞壁摩擦的垫布或垫圈以及打锚的工具。

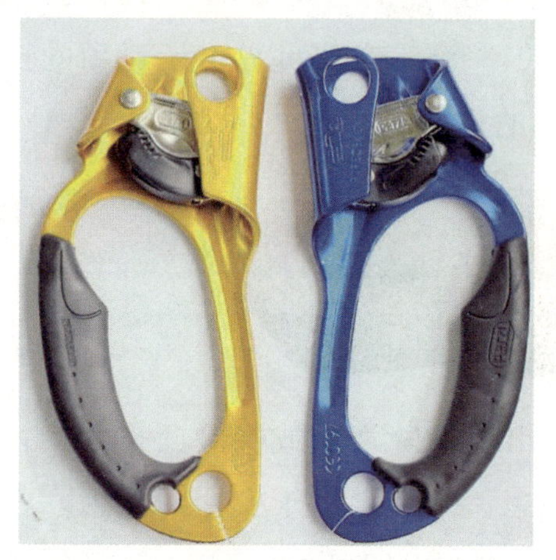

在此必须指出的是，在运用单绳技术下垂直洞穴时，一是要防止绳索与洞壁发生摩擦；二是洞口绳索的固定要采用双保险定位；三是在探险过程中防止洞口碎石块的坠落，以免击伤洞里的探洞者。总之，运用单绳技术，世界上没有下不去的垂向洞穴。目前世界上运用单绳技术下去的垂向洞穴，深度最深已超过 1000 米。

5.2 探洞技能

主要分为下降、上升、辨别方向、辨别水质等技能。

1. 下降技能

下降器下降。下降者在腰部系好安全带，挂好铁锁，再将下降器和铁锁连接，左手握下降器，右手在胯后紧握从下降器穿绕出来的主绳。面向岩壁，两腿分开约成 60°～80°角，登住崖壁，身体后倾，便可开始下降。如果是悬空状态，脚自然分开、悬垂，身体靠向绳子。

单环结下降。这是一种在没有下降器的情况下，以铁锁和单环结的连接代替下降器下降的方法。这种下降方法和动作要领与下降器下降法相同。

坐绳下降。这种方法是利用主绳与身体的直接磨擦而下降。这种下降要特别注意动作的正确性，绳从身体前面两脚中间向后穿过，然后将绳沿右腿外侧绕至前面，经腹、胸、左肩至背后，拉至右侧，用右手在右股后将其握住，虎口朝上。左右手交替动作，不可同时松开。此方法适宜在缓坡、可以落脚的地点采用。

缘绳下降。在坡度近于90°时，可采用缘绳下降法。此方法简单易学，只要有一条主绳就可进行下降操作。将主绳在陡壁上方固定，余下的主绳扔至崖下，下降者在绳上打好抓结，另一端与腰部安全带上的铁锁连接。抓结到连接处的距离不能过长，也不能过短，以臂伸开能抓住抓结为限。下降者面向固定点，两腿分开站到崖棱，拉紧主绳，并握住抓结，方可开始下降。

2. 上升技能

双手式。利用左右手式上升器上升。每个上升器应自带绳梯，左手上升时通过绳梯带动左脚抬起，左手到位后，开始左手拉，左脚踩，使身体上升，左脚站稳后，开始右手的同样动作。通过左右依此动作来使

身体向上攀升。

手式、胸式。手式的操作如下图，胸式上升器固定在胸部，和安全带通过铁锁连接，随着身体一起运动。如果出现胸式无法上升的情况，首先应检查安装是否正确，检查无误后，用手拉动胸式下方的主绳，就可以正常动作。

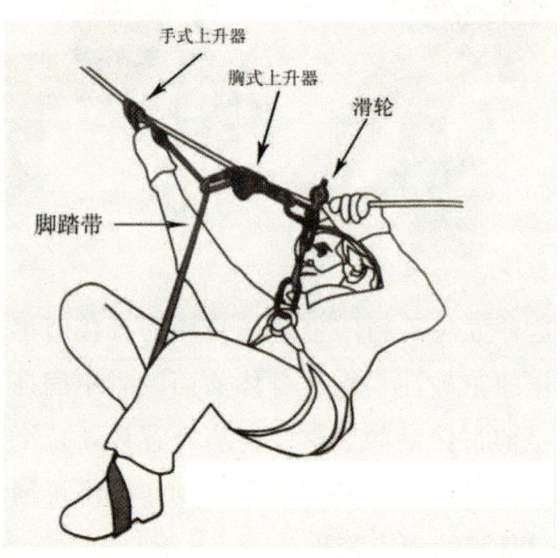

手式、脚式。手式的操作同上，脚式上升器的使用首先要正确安装，脚踝扣一定要扣紧，才可以顺利动作。

使用安全绳攀升：用三根安全绳，分别接成绳环，最短的用于连接安全带，三根绳环分别按中、短、长的顺序，依此从下到上在绳上结普林斯克结，然后可按双手式进行攀升。此法简易，安全，但需要练习熟练。

其他方法：在绳上间隔打结、结圈，可以实现短距离徒手攀升。

3. 辨别方向

首先要了解洞所在的外部地形，进洞后通过使用指南针、布绳、记号带等达到明确方向的目的。洞中辨向必须使用工具，而且最好是可回收的物品，颜色以白色为佳，如化纤绳、记号带。切记不要使用油漆等污染物。在分洞处尤其要标记明确。

4. 辨别水质

主要通过颜色、透明度、气味等辨别。

颜色——应该是无色。若水中含有某些离子或含有较多悬浮物质和胶体物质时，便会有颜色。水中含硫化氢气体为翠绿色；含三氧化二铁为黄褐色或锈色；含腐殖酸为黑黄灰色。

透明度——决定于水中所含盐类、悬浮物、有机质和胶体的数量。

嗅感和味感——取决于水中所含的气体成分和有机质。含硫化氢有臭鸡蛋味、含硫酸钠有涩味、含亚铁离子有铁腥味、含氯化钠有咸味、含氯化镁或硫酸镁的有苦味、含大量有机质的有甜味、含二氧化碳多时清凉可口。水温在20℃～30℃时味感较明显。

5.3 探洞注意事项

1. 安全问题

在具体的行动前，应该对洞，或洞所在地区的地质结构有一定的了解，比如要了解地质构造是沉积岩、火山岩，还是石灰岩，是否有地震等活动，是否有冒顶的危险等情况，做到心中有数。

检查洞内是否有危险的气体，一般深的非贯通性的洞由于长年空气不流通，所以可能有甲烷、瓦斯等危险气体，所以，带个矿用瓦斯探测器是绝对有必要的。考察洞内是否有危险动物，如毒蛇、蜘蛛或其他昆虫等，必要的药品是不可缺少的。

注意你身后的人，告诉他们前方的任何一个障碍。行进速度要以最慢的那个人为准。不要踩在绳子或其他装备上。时常回头看看，洞穴在走过之后看起来会显得不一样。运用常识，不要恐惧。

2. 防止迷路

在洞内迷路可能是致命的，掌握辨别方向的本领，养成沿途标记以及绘制洞地图的习惯是有很大帮助的，绘制地图时也可以借助指南针。方法是以洞口为起点在白纸上做个起始点，标出前先进的方向以及指北线，然后用脚步来粗略记录距离。在前进的途中可以按习惯在洞的路线有变化的地方标出标记，标记除了要标清你的来去方向外，最好还要按顺序标上标号，便于你回来时更容易找到出路。

也可以准备一些不同颜色反光路标（如自行车后挡泥板上的反光器），并编上号，按编号大小顺序放置，不同的支路放不同颜色的路标（不要怕麻烦）。反光器的优点是容易被发现，且可回收再用。有些人喜欢用粉笔在洞壁上画箭头，但是在昏暗的灯光下这样的路标不易被发现，还容易和其他探洞者画的箭头相混淆，而且还会弄脏洞壁。

洞穴一般由狭窄的通道和宽敞的“大厅”组成。大厅往往是几条通道相会的地方，且乱石密布。从通道进大厅容易，从大厅找通道口难。所以，当你从一条狭窄的通道进入一个宽敞的大厅时，一定要在入口处作好反光路标。

如果已经迷路，第一件事就是立刻停下来，不要慌，要稳定情绪。最好坐下来休息 10 分钟，然后再找出路。在迷路的情况下，人的感觉往往是靠不住的，这时你应抛开一切感觉，用具体的方法解决。从你发现迷路的地方开始做路标，然后一个方向一个方向地去尝试。要有耐心，慢慢摸索。有一点要提醒的是，岩洞洞穴都是由地下水冲蚀而成的，河流冲刷洞壁会留下痕迹，从这些痕迹你可判断出当年河流的走向。这时不论你在哪一个“支流”里，你都可以顺流而下。实际上，任何专业探洞者都是不做路标的，它们会按照水流冲刷的痕迹很轻松地走出复杂的地下河流。

3. 关于照明

园区内的溶洞一般都有照明。但是一些狭窄较陡的地方，照明设备可能不是很明亮，这时可以使用自己的照明设备，记住千万不要在照起来很亮的地方行走，那里很可能是水。矿灯是很好的选择，尽量多带备用蓄电池和灯泡，每个队员都要带，用的时候轮番使用，不要都开灯，以节约电源。

探洞者最好使用电石灯照明，因为当洞内氧气缺乏时，电石灯火苗的颜色会发生明显变化，可以提醒探洞者及时退出。值得注意的是，在电石燃尽清除残渣时，会有残存的电石气逸出，要防止其他人的电石灯火苗把逸出的瓦斯气点燃发生危险。所以当一个人更换新电石时，其他人要退出一定距离（5 米以上），使用电石灯仍需带上一支手电备用。

4. 探洞纪律

事先告诉别人你要去哪，什么时候到达，什么时候结束，留下应急的电话号码，完成后一定要做相关登记。一个组最少 3 人，每人 3 个灯，并有备用电池。探路过程中后方人员千万别催促前方人员，或是用手去

推前面的伙伴。

5. 保护洞内地质遗迹

湿的钟乳石还在生长，不要用手触摸它们的顶端，因为你手上的油脂会妨碍它们的生长。回来时捡起看到的所有废弃物。洞穴内不要抽烟和小便。不要带走洞穴内的任何东西。

6. 其他

在你做探洞前的准备工作时，务必将探洞所需的基本装备一一点清，它们应包括：照明用具、食品、饮用水、绳索和防护用品。因洞内许多地方非常狭窄，常常要爬行通过，所以最好带上护膝、护肘、手套和安全帽。安全帽不仅可以防止钻洞时碰头，而且可以防止被意外坠落的碎石砸伤。另外，手电要带足备用电池和备用灯泡。绳索要结实。还可带上几只哨子以便联络。

5.4 应急事故处理

在洞穴探险旅游前，针对可能出现的情况要做好充分的准备，才能最好地保护自己及他人。

1. 洞穴内氧气的稀薄对人产生的影响

当洞内氧气浓度为20.9%以上时，有利呼吸，灯焰正常；当氧气浓度下降至19%，人体尚未感觉不适，灯焰降低三分之一；当氧气浓度降至17%时，从事紧张工作时会感到心跳和呼吸困难，静止时无影响，灯焰熄灭；当氧气浓度降至15%时，人体缺氧，呼吸与脉搏跳动急促，判断力减弱，肌肉功能破坏。因此当出现以上不利情况时，应当及时退出洞穴，保证生命安全。

2. 二氧化碳浓度对人的影响

当洞穴内二氧化碳浓度为1%时，呼吸次数、深度有所增加；当二氧化碳浓度增加至3%时，呼吸次数加至两倍，劳动有沉重感；当二氧化碳浓度增至5%时，感到憋气、耳鸣，太阳穴跳动快；当二氧化碳浓度增至7%时，会引起强烈的头痛。以上情况下，应迅速退出洞穴。

3. 洞中的有害气体

二氧化氮：会刺激人的呼吸器官，引起肺水肿。不能用人工呼吸治疗，应该用纯氧呼吸法。

二氧化硫：有刺激臭和酸味，会引起肺水肿。用拉舌法和上肢活动法进行人工呼吸。

硫化氢：有臭鸡蛋味，易引起急性中毒。

遇到有害气体，应立即返回退出洞穴。

4. 身体受伤救急

骨折急救：开放性骨折常伴有大的血管损伤，应首先止血。为防止休克，还要注意保温和止痛。骨折固定前，尽量不要搬动患者。固定的目的只是限制伤肢活动，而不是整复，禁止在现场整复。送医途中尽量保持平稳，应力争在6～8小时内送到。

头部损伤的处理：头皮损伤（擦伤、裂伤、血肿、撕脱伤）可普通处理。颅骨骨折伤势严重者应速送医院，搬运时头部朝后，并偏向一侧，防止呕吐物误入气管。脑损伤者应立即送医院。

肋骨损伤的处理：首先应让伤者静卧，然后服用止痛药。有出血的应止血，包扎伤口，用半卧体位，并立即送医院。

腹部损伤的处理：对疑有内伤的患者，应卧休，避免活动，禁止饮食，注意保暖，禁止用止痛药等。若有内脏脱出，切勿送回腹腔，用干净碗扣在脱出内脏上，外面用绷带包扎固定。运送中，把膝下垫高，以减轻腹壁张力。

踝关节扭伤处理：扭伤常发生于外侧副韧带（足内翻痛，外翻无）。将患肢抬高，局部冷敷，外敷活血消肿药，包扎，并限制活动。消肿后最好用按摩治疗：一只手牵引患足，并由中趾到小趾按顺序反复牵引。另一只手拇指由足背推至外踝，反复多次。

5. 自然灾害

塌方。在连续数天大雨过后及地震之后不宜进洞，因为这时洞内情况不稳定，容易出现塌方。如果前方出现塌方，应绕道而行或退出洞穴。

落石。落石很可能会击中身体任何部位造成伤害，因此预防落石很有必要。要带安全头盔，避开容易落石的地点前行。

地震。如遇地震，应当尽快赶往洞口处，然后伺机寻找安全地点躲避。

联系我们

石花洞园区

地址：北京市房山区河北镇石花洞路口

邮编：102416

电话：010－60312243，010－60312170

传真：010－60312671

e-mail：bjfsshd@163.com

中国房山世界地质公园

地址：北京房山良乡月华大街8号

邮编：102488

电话（传真）：010－89352764

邮箱：sjdzgy0590@sina.com

网址：http：//dzhgy.bjfsh.gov.cn

旅游投诉电话：010－89356675

参考文献

【出版物】

[1]吕金波,李铁英,孙永华,等.北京石花洞的区域地质意义[J].北京地质,1996,(4):24—27.

[2]卢耀如.中国岩溶[M].北京:地质出版社.1986.

[3]刘东生,谭明,吕金波,等.洞穴碳酸钙微层理在中国的首次发现及其对全球变化研究的意义[J].第四纪研究,1997,(1):41—51.

[4]吕金波,李铁英,孙永华,等.北京石花洞的岩溶地质特征[J].中国区域地质,1999,18(4):373—378.

[5]王海芝,任凯珍.北京石花洞地质遗迹环境和地质灾害问题[J].分析研究,2008,3(4):22—25.

[6]吕金波,赵树森,李铁英.北京石花洞第四纪钟乳石剖面的年代学研究[J].中国地质,2007,34(6):993—1002.

[7]谢运球,郑治芗,杜恩荣.北京西山地区岩溶旅游资源、洞穴环境容量、环境问题及其对策[J].中国岩溶,1995(14)1:89—97.

[8]吕金波,卢耀如,郑桂森.北京西山岩溶洞系的形成及其与新构造运动的关系[J].地质通报,2010,(29)4:502—509.

[9]吕金波,李铁英,汪训一.第四纪石笋剖面的初步建立——以北京石花洞为例[J].地质调查与研究,2013,36(1):63—70.

[10]李红春,顾德隆,陈文寄,等.洞穴石笋的14C年代学研究——石花洞研究系列之二[J].地震地质,1996,18(4):329—338.

[11]谭明,刘东生,秦小光,等.北京石花洞全新世石笋微生长层与稳定同位素气候意义初步研究[J].中国岩溶,1997,16(1):1—10.

[12]秦小光,刘东生,谭明,等.北京石花洞石笋微层灰度变化特征及其气

候意义.微层显微特征[J].中国科学(D辑),1998,28(1):91－96.

[13]赵树森,刘明林,乔广生.中国东部喀斯特洞穴沉积物铀系年代[J].中国岩溶,1990,9(3):279－288.

[14]赵树森,刘明林,马志邦.洞穴沉积物铀系法年代测定[A].中国地理学会地貌专业委员会.喀斯特地貌与洞穴[C].北京:科学出版社,1985:106.

[15]袁宝印,邓成龙,吕金波,等.北京平原晚第四纪堆积期与史前大洪水[J].第四纪研究,2002,22(5):474－482.

注:[M]—专著(含古籍中的史、志论著)

[C]—论文集

[J]—期刊文章

[A]—专著、论文集的析出文献

【网站】

[1] http://www.zh5000.com/GJDL/yrdx/中国国家地理

[2] http://dzhgy.bjfsh.gov.cn/中国房山世界地质公园

[3] http://baike.baidu.com/百度百科

后　记

“中国房山世界地质公园科普丛书”是为了向广大游客介绍房山地质公园及其周边地质遗迹和旅游资源而编写的，是一本兼具公园科学导游和地质知识普及的读物，旨在使读者对公园内地质遗迹的成因有一个全新的认识，从而达到寓教于乐、寓教于游的目的。因此，本书既是一本游览房山世界地质公园必不可少的旅游指南，又是一本介绍地质公园地质遗迹、人文历史以及民俗风情的科普读物。

“中国房山世界地质公园科普丛书”是在多年工作基础上编写的。在编制房山世界地质公园申报材料及规划、十渡国家地质公园申报材料及规划、石花洞国家地质公园申报材料及规划、野三坡国家地质公园申报材料及规划、白石山国家地质公园申报材料及规划的过程中所进行的所有工作及前人研究的许多成果，都为本书提供了丰富的资料。

在本书编写及房山世界地质公园建设过程中，得到了房山区人民政府、北京市国土资源局、房山区国土资源局、房山区旅游委、涞水县人民政府、涞源县人民政府、涞源县国土资源局、房山区地质公园管理处的大力支持与帮助；房山区旅游委主任朱仕生、地质公园管理处主任高建波和副主任朱仕学提供了房山世界地质公园最新的第一手资料并给予了许多帮助与指导。

本系列丛书由中国地质大学（北京）田明中教授、武法东教授、张建平教授任主编，负责提纲拟定、审稿和修改全书。王璐琳博士后、赵龙龙博士、兰源红博士、孙淼博士、由羽宁硕士、周旭硕士、孙萌硕士等分别执笔编写了系列丛书的各个分册。中国地质大学（北京）程捷教授、孙洪艳博士、原佩佩博士等参加了野外考察，同时也给予了大力支持和帮助。书中插图由廖媚、朱虹、赵龙龙、兰源红、范小露、李兴乐、陈燕等绘制。在景之星硕士的大力帮助下，许多珍贵的图片和资料才得以获得，为系列丛书增色不少。

特别感谢郝丹萌、赵洪山、刘春阳等摄影师为本书提供了精美的图片。此外，书中还引用了部分研究单位、政府部门和网站的资料。特别感谢北京市地质研究所韦京莲教授级高级工程师等个人和集体为本书提供了前期研究成果和珍贵资料。

在本书出版之际，编者向为参加房山世界地质公园建设工作付出艰辛劳动的每一位同志和学生，向支持、帮助房山世界地质公园系列丛书编写的各级领导，表示诚挚的谢意。

由于编者水平有限，时间仓促，不足之处在所难免，敬请广大读者批评指正！

编　者

2014.05